"十四五"时期
国家重点出版物出版专项规划项目

国家出版基金项目
NATIONAL PUBLICATION FOUNDATION

航天先进技术
研究与应用系列

王子才　总主编

面向航天的复合材料纤维缠绕装备及工艺

Filament Winding Equipment and Processing Technology of Composite for Aerospace

韩振宇　金鸿宇　孙守政　富宏亚　蔡志刚 编 著

U0211859

哈尔滨工业大学出版社
HARBIN INSTITUTE OF TECHNOLOGY PRESS

内 容 简 介

本书围绕面向航天的复合材料纤维缠绕装备与工艺展开,主要内容包括纤维缠绕成型工艺数学模型、装备形式与组成、纤维缠绕工艺系统、基于工业机器人的纤维缠绕系统等。为了实现质量更轻、性能更优的航空航天结构,本书内容还涉及了复合材料二维网络点阵结构的成型、热塑性预浸料缠绕成型等。同时,为了适应智能制造的发展趋势,本书还探讨了数字孪生技术的相关进展以及其在纤维缠绕成型工艺中的应用,以期提高纤维缠绕工艺的数字化、智能化水平。

本书内容可供科研和研发部门的装备设计、复合材料工艺等岗位技术人员及相关科技人员参考,也可作为高等学校机械工程、复合材料等相关专业的教学参考书。

图书在版编目(CIP)数据

面向航天的复合材料纤维缠绕装备及工艺/韩振宇等著.—哈尔滨:哈尔滨工业大学出版社,2024.9
(航天先进技术研究与应用系列)
ISBN 978-7-5767-1291-9

Ⅰ.①面… Ⅱ.①韩… Ⅲ.①复合材料-工艺装备-研究 Ⅳ.①TB33

中国国家版本馆 CIP 数据核字(2024)第 062688 号

面向航天的复合材料纤维缠绕装备及工艺
MIANXIANG HANGTIAN DE FUHE CAILIAO XIANWEI CHANRAO
ZHUANGBEI JI GONGYI

策划编辑	张 荣	
责任编辑	李青晏 林均豫 赵凤娟	
出版发行	哈尔滨工业大学出版社	
社 址	哈尔滨市南岗区复华四道街 10 号 邮编 150006	
传 真	0451—86414749	
网 址	http://hitpress.hit.edu.cn	
印 刷	哈尔滨博奇印刷有限公司	
开 本	720 mm×1 000 mm 1/16 印张 14 字数 290 千字	
版 次	2024 年 9 月第 1 版 2024 年 9 月第 1 次印刷	
书 号	ISBN 978-7-5767-1291-9	
定 价	88.00 元	

(如因印装质量问题影响阅读,我社负责调换)

前 言

　　在过去的几十年里,中国航天取得了巨大的进步,在人造卫星、载人航天、探月工程、火星探测、空间站建设、商业航天及战略武器等领域都取得了令人瞩目的成就,其中纤维增强复合材料发挥了不可或缺的作用。纤维增强复合材料由于其质量轻、强度大、模量高、耐腐蚀、耐高温、可设计性强等优点,不但在航天领域,在航空、军事、工业和民用等领域都获得了广泛的应用。

　　在纤维增强复合材料各种自动化成型工艺中,纤维缠绕成型是在航天领域应用最早的一种复合材料自动化成型工艺之一。随着航天事业向着更高、更远的目标发展,对复合材料纤维缠绕技术的要求也越来越高。为了满足航天领域的需求,国内外学者和工程师们进行了大量的研究和实践,不断完善和优化复合材料纤维缠绕装备与工艺。作者所在团队在 20 世纪 80 年代就开展了面向航天的微机控制纤维缠绕装备与工艺的研究工作,开发成功了我国第一台微机控制数控纤维缠绕机。本书结合作者团队几十年服务航天的科研积累,并广泛搜集了国内外相关领域的最新研究成果和文献资料,旨在较深入地探讨面向航天的复合材料纤维缠绕装备与工艺,为相关领域的学者、工程师和研究人员提供有益的参考。

　　本书共分为 7 章,内容涵盖了复合材料纤维缠绕装备与工艺技术的不同方面。第1 章介绍了复合材料纤维缠绕技术的发展历程、应用领域及研究现状;第 2 章详细阐述了复合材料纤维缠绕的基本原理和数学模型;第 3 章介绍了纤维缠绕装备的分类、形式、技术指标,以及工艺辅助系统(包括张力系统、浸胶系统、加热系统和挑纱装置等);第 4 章介绍了复合材料二维网格点阵结构的成型,包括缠绕、铺放成型两种工艺;第 5 章介绍了机器人纤维缠绕系统,包括机器人的解算与三通管的机器人缠绕成型;第 6 章介绍了热塑性预浸料的纤维缠绕成型;第 7 章介绍了纤维缠绕系统的数字孪生技术。

　　尽管作者尽量将最新的思想和技术引入纤维缠绕领域,但由于当前人工智能、大数据等新兴技术发展迅速,以及复合材料纤维缠绕技术的复杂性,仍面临一些挑战和难点,值得进一步研究和探讨。我们希望本书的出版能够为相关领域的研究提供有益的参考和启示,促进复合材料纤维缠绕技术的进一步发展,为航天事业的进步做出一定的贡献。

　　在本书的撰写过程中,内蒙古航天红岗机械有限公司的汪宁、通用技术集团机床工程研究院(天津)有限公司的张立伟等专家提供了许多有益的资料和建议,也得到了许多专家、学者和同行的支持和帮助,在此表示衷心的感谢。另外,本书中介绍的成果,有许多是团队中已毕业的研究生在攻读学位期间取得的,包括:张鹏、秦继豪、常成、顾家宸等,在此一并致谢。

　　由于作者水平有限,书中难免有不当或不妥之处,敬请广大读者、同仁批评指正。

作　者

2024 年 6 月

目　录

第 1 章

绪　论

1.1　引　言

随着航空航天、深海探测、石油化工、新能源等领域的不断发展,各行各业对材料的性能和功能提出了更高的要求。在这种趋势下,多种多样的复合材料被开发出来用于取代传统的金属材料。复合材料是由两种或两种以上不同性能、不同形态的组分材料通过复合手段组合而成的一种多相材料。其中,纤维增强树脂基复合材料是以树脂为基体,以纤维为增强相的各向异性材料,具有比强度高、比模量大、抗疲劳、耐腐蚀、耐热、热膨胀系数小的特点,能够降低质量、提高性能和减少燃料消耗,在航空器结构和发动机零部件中应用广泛,对航空航天领域的发展至关重要。近年来随着纤维制备技术和复合材料成型工艺的发展,纤维增强树脂基复合材料在民用领域的应用也越来越广泛,比如体育休闲、汽车、风电、建筑增强、医疗、轨道交通等民用领域产品的轻量化都离不开复合材料的应用。因此,纤维增强树脂基复合材料的研究和应用具有广阔的前景和深远的意义。

纤维增强树脂基复合材料的成型方式多种多样,包括手糊成型、袋压成型、喷射成型、模压成型、纤维铺放成型、三维编织成型、RTM 成型(树脂传递模塑成型)、纤维缠绕成型、连续成型等,部分成型工艺的技术经济分析见表 1.1。

表 1.1　纤维增强树脂基复合材料主要成型工艺的技术经济分析

成型方法	设备投资	生产效率	制品强度	工人技术要求	技术复杂程度	可重复生产性
手糊成型	1	1	3	10	10	1
袋压成型	3	3	6	7	7	4
喷射成型	4	4	1	10	10	1
模压成型	8	6	7	5	5	8
纤维缠绕成型	6	8	10	4	4	9
连续成型	10	10	5	1	1	10

注：1—最低；10—最高。

　　从表 1.1 中可以看到，纤维缠绕成型生产的制品强度最高，生产效率、可重复生产性仅次于连续成型，自动化程度高，工人技术要求较低，但设备投资稍高。一定程度上讲，纤维缠绕成型比其他工艺方法具有更佳的投资效益。

1.2　纤维缠绕成型工艺概述

1.2.1　纤维缠绕成型工艺的概念及分类

　　纤维缠绕成型工艺，就是将浸渍过树脂的连续纤维，按一定的规律缠绕到芯模（模具）上并层叠至所需的厚度，然后经过加热或常温固化制成一定形状制品的工艺方法。按照现代成型学的观点，纤维缠绕成型工艺属于堆积成型（增材），而传统机械加工工艺属于去除成型（减材）。图 1.1 直观地说明了纤维缠绕的基本过程，纤维缠绕机犹如一台简易的车床，张紧的纤维在绕丝嘴的导引下按照预先设计好的路径缠绕到芯模上，最终形成以纤维为增强材料、树脂为基体的复合材料产品。

　　纤维缠绕成型工艺按成型方式可分为内侧缠绕和外侧缠绕，内侧缠绕通过旋转空心导管将纤维和树脂送到芯模内部，空心导管比芯模回转速度稍慢（为了防止纤维打捻，纤维纱团需与导管同步旋转），靠径向离心力和环向惯性力把送进的纤维缠绕在芯模的内侧，适用于脱模困难的中间凸两侧凹的制品成型；外侧缠绕时，纤维缠绕在芯模的外侧，复合材料制品的几何形状取决于芯模的外表面，为目前最常见和普遍使用的一种缠绕方法。根据缠绕时树脂基体所处化学物理状态的不同，生产上纤维缠绕成型工艺又分为湿法缠绕、干法缠绕及半干法缠绕三种。

　　（1）湿法缠绕。

　　湿法缠绕是将纤维经集束、浸胶后在张力控制下直接缠绕在芯模上，然后固化成

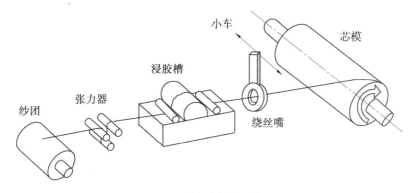

图 1.1　纤维缠绕的基本过程

型的工艺方法,如图 1.1 所示。在进行缠绕时,其所需的设备比较简单,对原材料要求不高,便于选用不同材料,是一种较为经济的缠绕方式。由于湿法缠绕简单易行,制造成本较低,目前应用最为广泛。

湿法缠绕的优点:① 工艺设备简单,生产效率高(可高达 200 m/min),成本低;② 缠绕制品气密性良好,这是由于缠绕过程中缠绕张力通过挤出多余的树脂从而把气泡带出,而且树脂会填满所有的空隙;③ 湿法缠绕时,纤维上的树脂胶液对纤维的磨损起到一定的保护作用;④ 纤维排列平行度好。

湿法缠绕的缺点:① 生产环境差,细小纤维丝与挥发性溶剂有可能伤害工人的身体健康;② 由于纱带浸胶后马上缠绕,纱带的质量和含胶量不易控制和检验,同时胶液中尚存在大量的溶剂,在固化时容易产生气泡,缠绕过程的张力也不容易控制;③ 缠绕过程中树脂胶液浪费大,可供湿法缠绕的树脂胶液品种少;④ 缠绕过程的各个环节如浸胶辊、张力控制辊等经常需要人工维护,不断洗刷才能使之保持良好状态,一旦在各辊上发生纤维缠结,将影响整个缠绕过程的正常进行。

(2) 干法缠绕。

干法缠绕是采用经过预浸胶处理的预浸纱或带,在缠绕机上经加热软化至黏流态后缠绕到芯模上。预浸纱或带是专门生产的,含胶量控制精准(可以精确至 2% 以内),而且加热后预浸纱或带黏性增加,相当于增大了纤维束之间的摩擦力,可以更好地实现稳定缠绕。干法缠绕时,缠绕设备清洁,加工环境卫生良好,缠绕制品质量稳定,缠绕速度可达 100 ~ 200 m/min,生产效率高。其缺点:① 预浸纱或带作为原料,需要定制,采购成本较高;② 干法缠绕得到的制品由于层间树脂流动不如湿法缠绕充分,有可能导致层间孔隙缺隙偏高、剪切强度偏低;③ 干法缠绕预浸纱与导辊之间的磨损会造成纤维强度损失,影响强度。干法缠绕目前多用于航空航天等要求制品高性能、高精度的尖端技术领域,是未来的发展趋势。

(3) 半干法缠绕。

半干法缠绕是纤维浸胶后,到缠绕至芯模的途中,增加一套烘干设备。这种工艺方法与湿法缠绕相比,增加了烘干工序,可降低缠绕制品中的气泡含量及孔隙。与干法缠绕相比,省去了预浸胶处理工序,缩短了烘干时间,降低了胶纱的烘干程度,使缠绕过程可以在室温下进行。这样既除去了溶剂,又提高了缠绕速度,减少了设备,提高了制品质量。

1.2.2 纤维缠绕成型工艺的特点及应用范围

从缠绕的加工过程来看,纤维缠绕制品是一次连续成型的,即整个制品由一条连续不间断的纤维按强度要求编织而成,且其分布合理、具有各向异性,因而制造出来的产品具有优异的强度质量比,克服了金属等材料冗余、各向同性及强度难以控制的缺点。只要根据产品的设计,选择合适的原材料铺设方法和排列程序,就可以将复合材料结构一次性地完成,避免金属材料通常所需要的二次加工,从而大大降低产品的物质消耗,减少人力和物力的浪费。

复合材料纤维缠绕成型工艺的优点:① 可设计性强,能够按照产品承受应力情况来设计纤维的缠绕规律,使之充分发挥纤维的抗拉强度;② 比强度高,一般讲纤维缠绕压力容器与同体积、同压力的钢质容器相比,质量可减轻 $40\% \sim 60\%$;③ 可靠性高,纤维缠绕制品易实现机械化和自动化生产,工艺条件确定后缠绕出来的产品质量稳定、精确;④ 生产效率高,采用机械化和自动化生产,所需操作工人少,缠绕速度快,出纱速度最快可达上百米每分;⑤ 成本低,在同一产品上可合理选配若干种材料(包括树脂纤维和内衬)使其再复合,达到最佳的技术、经济效果。

纤维缠绕复合材料具有优异的机械性能、耐腐蚀性能和设计自由度等特点,因此在航天航空等高技术领域应用广泛,并逐渐向民用工业扩展。大致可分为以下 10 个应用领域。

(1)航天工业。火箭发动机、喷管、导弹壳体、仪器舱、弹头结构、航天飞机载人的压力舱、空间桁架、卫星天线反射器、导弹发射筒、轨道站燃料箱,以及各类气瓶、卫星承力筒、太阳能电池帆板等。

(2)航空工业。机翼、蒙皮、发动机壳体、机头雷达罩、起落架舱门、直升机旋翼(叶片)、座舱骨架、机身中段、尾梁、起落架零部件、旋翼轴、传动轴和操纵杆件、减速器壳体(主、尾)、翼面结构(水平安定面、斜梁等),以及无缝球形金属内胆碳纤维缠绕灭火气瓶等。

(3)武器装备。狙击步枪枪管外围、迫击炮身管、地对地导弹、地对空导弹、肩扛式反坦克导弹的发射筒、导弹运载器等。

(4)化工防腐业。化工、油田、城市管道,压力容器,储罐,冷却塔等。

(5)汽车、铁路运输车辆制造业。汽车车架、传动轴、弹簧、汽车用天然气瓶、铁路客车车厢、板簧、储氢气瓶、轮胎等。

(6)建筑业。混凝土偏压柱,泡沫 / 格栅 FRP(纤维增强复合材料)夹芯板,建筑圆钢管、梁等。

（7）体育器材制造业。撑杆、高尔夫球杆、网球拍、羽毛球拍、垒球棒、滑雪杖、钓鱼竿、自行车赛车支架等。

（8）机械制造业。机床主轴、机器人手臂、离心机转臂、发电机护环等。

（9）潜水外压容器制造业。鱼雷、潜艇等。

（10）其他。消防员的灭火器、背负式氧气瓶、病人用便携式氧气瓶等。

将上述用途概括起来，可以发现纤维缠绕复合材料主要有两类用途：① 做主承力结构材料，在保证强度的前提下减轻结构的质量；② 做特殊功能材料，起到诸如防腐、防冷热变化、抗电磁波干扰等作用。

1.3　国内外纤维缠绕成型工艺的发展及现状

20 世纪 40 年代中期国际上出现了纤维缠绕技术，当时美国 Manhattan 原子能工程中需要质量轻的加强带，E. Y. Richard 首先考虑以高强度的玻璃钢（fiber reinforced plastics）来代替金属，并最先形成了把纤维缠绕在芯模上的缠绕原始概念。同时设计制造了第一台由旧马达和齿轮组成的简易纤维缠绕机，随后缠绕了第一个复合材料火箭发动机壳体，并于 1946 年在美国注册了第一个纤维缠绕技术专利。1947 年美国 Kellog 公司成功研制了世界第一台真正意义上的纤维缠绕机，这是第一代纤维缠绕机，它是机械式的，其控制系统由皮带、齿轮、挂轮、链条等组成，通过调整芯模的转速和绕丝嘴的运动速度来实现各种线型的缠绕，而速比的变化是通过改变齿轮箱的挂轮来实现的。机械式缠绕的优点是造价便宜，可靠性高；缺点是改换产品调整麻烦，生产准备时间长。

20 世纪 60 年代中期，第二代纤维缠绕机出现了，其特点是采用了液压伺服马达。这类机器在缠绕压力容器的封头段时，采用凸轮控制并实现了非线性缠绕，它用拨码开关做数据输入，虽然具有一定的灵活性，但拨码开关只能存储少量的信息，非线性缠绕需要加工凸轮，因而也比较麻烦。

第三代纤维缠绕机是随着 20 世纪 70 年代计算机数字控制（CNC）的出现而发展起来的，采用微机（微处理器）控制。1973 年 Entec 公司开发了第一台微处理器控制的缠绕机，1976 年第一个商业化标准的缠绕机型号 McClean Anderson 60 型投放市场。

从 20 世纪 80 年代到 20 世纪 90 年代，机床数控技术发展迅速，德国的 Bayer 公司、BSD 公司，英国的 Pultrex 有限公司，中国的哈尔滨工业大学等均成功开发了采用通用数控系统的缠绕机。与此同时，为了提高生产效率，多主轴的缠绕机陆续出现，即一台缠绕机可同时缠绕多个零件。

进入 20 世纪 90 年代后,随着微电子技术迅猛发展,纤维缠绕技术的应用和开发速度也明显加快。随着运动控制卡技术的趋于成熟,由工业控制计算机和运动控制卡组成的四坐标以上缠绕机开始出现。例如中国哈尔滨工业大学利用工业控制计算机和美国 Delta 公司的 Pmac 运动控制卡,成功研制了六坐标联动数控缠绕机。四坐标以上缠绕机的出现,使得以前只能用人工手糊或半人工手糊的异型结构件如三通、弯管、S 管等,使用机器缠绕成为可能。同时,由于机器人具备多自由度、通用性强、精度高和可扩展性强等优点,适用于复杂构件的缠绕加工,机器人缠绕的思想也在 20 世纪 90 年代开始出现,最早进行机器人缠绕研究并商业化的是法国 MFTech 公司,其采用了抓取模具和带动导丝头两种方式进行缠绕成型。目前国际上已有七轴甚至多达十一轴的计算机控制纤维缠绕机。

在计算机控制系统引入到纤维缠绕技术之前,人们大多靠经验进行线型设计,这是一项劳动力密集、周期长的工作。为改善这种局面,人们开始探索用计算机设计缠绕线型,即纤维缠绕 CAD/CAM(计算机辅助设计 / 计算机辅助制造)技术开始发展。国际上先后出现了许多商业化的纤维缠绕 CAD/CAM 软件,如 Cadfil、CADWIND 等。技术人员可以利用纤维缠绕 CAD/CAM 软件计算纤维轨迹和各坐标轴的运动坐标并生成机床控制指令,数控缠绕机将会按照给出的指令生成设计的线型。纤维缠绕 CAD/CAM 系统的出现使得缠绕线型的生成变得方便、灵活,从而缩短了产品的开发和生产周期。

我国对纤维缠绕成型工艺的研究开始于 1958 年,当时主要是为"两弹一星"国防建设服务的。1964 年,哈尔滨玻璃钢研究院成功研制轨道式纤维缠绕机,是我国第一台纤维缠绕机,到 1965 年我国就完全掌握了常用构件缠绕规律和缠绕速比计算方法,实现了螺旋缠绕排线机械化,其间,北京 251 厂(现北京玻钢院复合材料有限公司)及哈尔滨玻璃钢研究院分别设计开发了机械控制的卧式纤维缠绕机。1966 年,国家纺织工业部开展大型立式纤维缠绕机项目,七机部 43 所(现西安航天复合材料研究所)、中国纺织科学研究院、北京 251 厂、太原重型机械厂、陕西重型机械厂共 5 家单位参加,次年完成。1971 年哈尔滨玻璃钢研究院开始研究异型缠绕,提出了异型截面的"相当圆假设"原理,解决了异型截面纤维缠绕计算的关键问题。1974 年,北京 251 厂成功研制 X2 型行星式纤维缠绕机,1987 年哈尔滨玻璃钢研究院提出了网格结构纤维缠绕计算原理,这项新技术的实现,不仅解决了某卫星的关键技术,而且标志着我国纤维缠绕技术又进入到一个新阶段。1989 年哈尔滨玻璃钢研究院的冷兴武出版了《纤维缠绕原理》一书,对纤维缠绕原理、我国纤维缠绕技术的发展与成就进行了详细的总结。1994 年李锡光完成了双臂机器人在弯管缠绕中的运动学分析。1996 年梁友栋、邹振强和汪国昭提出了一类新的非测地线 —— 拟测地线,主要用于旋转面的纤维缠绕路径设计。1998 年苏红涛给出了纤维稳定缠绕的较严密条件及其详细推导过程。随着微机和自动化技术的普及,国内相当一大部分复合材料缠绕设备已经实现了微机控制。目前三轴微机控制纤维缠绕机已应用于工业生产,在缠绕管道和储罐制品方面发挥了重要作用。哈尔滨工业大学已成功研制出了六轴微机控制缠绕机,这标志着我国在纤维缠绕工艺技术、控制软件和硬件研制方面取得了巨大的进步。在较为新颖的机器人缠绕方面,自 21 世纪以来,我国取得了不小的进步,如哈尔滨工业大学进行了机器人三通缠绕;哈尔滨理工大学采用机器人完成了弯头及三通缠绕;上海万格复合材料技术公司综合多家国内外公司技术,成功开发出机器人纤维缠绕气瓶自动生产线等。

1.4　纤维缠绕构件 CAD/CAM 技术

1.4.1　纤维缠绕构件 CAD/CAM 一体化的必要性

纤维缠绕构件是复合材料零件的一种,与金属材料相比,复合材料具有各向异性和非均质性的特点,因此复合材料结构的强度设计更复杂。不仅如此,纤维缠绕成型运动由于数学模型复杂,生产一个复杂的零件,针对数控缠绕机开发一个零件程序也比一般金属切削加工困难。

纤维缠绕构件通常由复合材料结构设计的专业部门负责设计。制造部门对于形状复杂的零件,由于缺乏可以计算稳定纤维缠绕轨迹的数学模型,最初采用画线后进行示教的方法。但是示教具有下述缺点:① 对操作人员技术要求高,而且占用缠绕机的生产时间长,操作人员的操作负担也很大(不能直接手拉着丝嘴运动,只能靠按键点动);② 数据处理干扰多,再现效果不理想;③ 产品强度通常难以达到设计的优化值。数控缠绕机是费用昂贵的设备,示教占用很多工时是极不经济的。示教方法缠绕产品的强度较低,也说明采用该方法未能充分发挥缠绕工艺的优点。

因此,除了球、圆柱、等开口筒形压力容器等这些简单形体外,开发一个纤维缠绕产品是存在很大困难的。为了解决这个问题,国外学者受金属机械零件 CAD/CAM 的启发,提出了开发纤维缠绕 CAD/CAM 的解决方案。采用纤维缠绕 CAD/CAM 可以获得下述效果:① 可以统一管理产品的数据,便于设计和制造部门的沟通和交流;② 可以使设计人员从烦琐和重复的工作如查找数据或标准、计算、绘图等中解放出来;③ 能以很快的速度进行纤维缠绕构件设计和制造过程中的许多复杂运算,如有限元分析、求解纤维轨迹的微分方程等;④ 纤维缠绕是复合材料柔性制造(flexible manufacturing system,FMS)中不可缺少的组成部分,而纤维缠绕 CAD/CAM 一体化也是复合材料 FMS 中的关键技术之一。因此纤维缠绕 CAD/CAM 一体化可以为实现复合材料的智能制造创造条件。

综合上面的分析,可以看出纤维缠绕 CAD/CAM 技术是缩短纤维缠绕制品开发周期,实现纤维缠绕成型工艺数字化和进一步推广纤维缠绕复合材料应用的重要基础技术。

1.4.2　纤维缠绕构件 CAD/CAM 发展概况

在国外,纤维缠绕构件 CAD/CAM 是研究热点,并已有实用化的纤维缠绕 CAD/CAM 软件如 CADWIND、CADFIBER、CADFIL、Composicad、WindingExpert、CADMAC 等。在我国,这项研究在某些高校和研究院所已经开展,但主要针对某种形状或某个确定的零件,如浙江大学开发了针对弯管缠绕的 CAD/CAM 软件,但还没有获得广泛认可的通用化、商业化的软件出现。造成这种现象的原因主要是我国计算机控制纤维缠绕机数量有限,因而对纤维缠绕 CAD/CAM 一体化系统缺乏广泛需求。

目前国内外对纤维缠绕 CAD/CAM 的内容缺乏明确的界定。国外有的系统不包括结构及铺层设计,而将纤维线型轨迹计算及后置处理称为 CAD,有的虽包括结构、铺层设计及纤维缠绕线型、轨迹计算,以及后置处理等更完整的内容却也称为纤维缠绕 CAD。只有个别系统明确称为 CAD/CAM。总的看来,多数系统更偏重纤维缠绕线型,缠绕机控制数据的计算和生成处理,在结构及铺层设计上则功能相对较弱。分析其原因可能是:国外已有专门用来设计复合材料结构及铺层的 CAD 软件可以直接利用。下面具体介绍一下国外曾经出现过的纤维缠绕 CAD/CAM 系统。

(1)CADWIND。它的第一版本是由位于德国亚琛(Aachen)的亚琛工业大学塑料工艺研究所(IKV)花了 5 年时间开发成功的。后经位于比利时 Zaventem 的 Material S. A. 公司进一步开发,于 1991 年 7 月份推出了新版本,开始在市场上发售,2024 年 Material S. A. 公司 CADWIND 的最新版本为 CADWIND V10.3。

CADWIND 运行在普通的个人计算机上,支持微软 Windows7/8.1/10/11 等操作系统。主要包括芯模曲面造型模块、缠绕线型设计与分析模块、后置处理模块及层合结构复合材料的材料设计模块。其中芯模曲面造型模块支持轴对称、非轴对称模型的建立,较复杂的几何形状芯模也可以使用 DXF 文件输入;基于测地线理论方程和摩擦物理模型的缠绕线型设计与分析模块,提出了 iWind 交互线型设计算法,采用改进的摩擦力学模型,可以实时计算得到更宽泛的推荐缠绕线型和线型特征计算结果;后置处理模块适用于任何类型的 2～6 轴缠绕机床和机器人,可以输出各种数控系统语言的缠绕程序,支持实时机器仿真、机器运动分析等功能;材料设计模块用于铺层角度、铺层比例和铺层厚度计算,以及层合材料刚度、强度、失效过程计算。软件支持的结构有限元分析软件包括 NASTRAN、ABAQUS、ANSYS、COSMOS、NISA 等,可以输出缠绕工艺的缠绕层数据(芯模几何网格、缠绕角度、缠绕厚度)和产品的层合结构次序,结合结构强度有限元软件进行产品结构强度分析。

(2)CADFIL。它具备 CAE 软件分析接口,为计算机控制纤维缠绕机编程的

CAM 提供了解决方案,由英国的 Crescent Consultant Ltd. 开发。主要分为 Cadfil—Axsym、Cadfil—Lite、Cadfil Sphere、Cadfil Elbow、Cadfil Tee 及 Cadfil Spar 六大主要模块。其中,Cadfil—Axsym 采用测地线及非测地线理论进行线型设计,可以生成所有旋转对称部件的缠绕程序,包括管道、球体、煤气瓶、高尔夫球杆、储罐等;Cadfil—Lite 为 Cadfil 系统的入门级产品,可以说是 Cadfil—Axsym 的一个简化版本,用于对常见的纤维缠绕几何制品(不同封头类型的圆柱体等)进行快速和简单的参数化编程;Cadfil Sphere 可以作为 Cadfil—Axsym 包的附加选项,也可以单独使用,用于快速开发出超高性能的球形压力容器;Cadfil Elbow 可以作为 Cadfil—Axsym 包的附加选项,也可以单独使用,用于弯管的螺旋缠绕及环向缠绕路径的快速生成;Cadfil Tee 用于 T 形管的生成及轨迹规划;Cadfil Spar 用于非轴对称复杂模具的缠绕工作,用户在 CAD 系统(AutoCAD 等)中使用二维线和弧线来定义心轴的(恒定)横截面,该横截面信息被写入 DXF 文件,然后由 Cadfil 读取,以创建三维心轴表面,在指定标准参数后,软件自动选择缠绕模式并生成缠绕路径。同时,Cadfil 提供多种有限元分析接口解决方案,可以将 Cadfil 数据用于 Nastran、Patran、Emap、Hyperworks、Optistruct、LS—Dyna、ESACOMP、ABAQUS、ANSYS 等。

(3)FiberGrafiX。它是美国 Engineering Technology Corporation 公司(前身"ENTEC")制作的一款纤维缠绕方面的软件,可以进行测地线、非测地线,等开口和不等开口容器的缠绕计算,并且可以实现各线型的光滑过渡,适用于市场上大多数的缠绕机的工作。其可通过导入 DXF 文件直观创建轴对称几何体;考虑摩擦影响,优化纤维路径为缠绕层以及层与层之间的过渡纤维路径创建稳定的缠绕模式,提供纤维缠绕的模式优化,可用于高速缠绕下纤维的准确放置,支持缠绕仿真功能;提供有限元接口,可输出三维模型数据到有限元软件中,简化有限元分析模型的任务。

(4)Composicad。它由 Michael "Mike" Skinner 和 Axel Seifert 于 2010 年开始研发,旨在满足纤维缠绕行业日益苛刻的要求。该软件适用于储罐和管状容器、圆柱形产品、三通管及管道弯头等;该软件允许创建多达 100 层的铺层,实现环向缠绕、螺旋缠绕或过渡缠绕的各种组合;通过变化部件的长度和 / 或直径,就可以生产出系列化的部件;软件使用许多改进的算法来计算纤维路径,可以设置常用纤维带的缠绕参数和材料数据库,包括带宽、带厚度、带密度、成本及其他参数,可以用来计算制品的质量、纤维的长度、生产成本及缠绕的时间;软件的后置处理,可生成六轴纤维缠绕机的缠绕程序,包括:主轴旋转(带动芯模旋转)、小车纵向直线运动、伸臂横向直线运动、摆头旋转、偏航旋转及垂直直线运动等,并可自动计算铺层厚度,作为后续缠绕的基础;具备常用有限元分析软件接口,如 ESAcomp、ABAQUS、ANSYS、NASTRAN 等,允许快速和准确地评估。

国内在 CAD/CAM 软件研究方面也取得了不小的进展,如哈尔滨工业大学开发的 WindSoft 缠绕软件在面向航天的纤维缠绕技术研究和产品制造中得到了广泛应用;浙江大学研发的缠绕弯管 CAD/CAM 软件——ElbowCAD 填补了国内弯管缠绕 CAD/CAM 的空白;哈尔滨理工大学研发的玻璃钢管道 CAD/CAM 软件已成功应用于玻璃钢管道自动化生产线;除了高校和研究机构外,国内一些公司也开发了缠绕软件,如 Kwind 是国内一家复合材料技术公司开发的一款纤维缠绕三维仿真软件,具备测地线与非测地线缠绕线型规划能力,可实现相应线型缠绕三维可视化运动仿真。

1.5　纤维缠绕成型工艺在航天领域的应用

随着航天产品对质量的要求不断升高,纤维缠绕复合材料以其质轻的优势获得广泛应用。例如,利用纤维缠绕成型工艺制造的环氧基固体发动机壳体耐腐蚀、耐高温、耐辐射,而且密度小、刚性好、强度高、尺寸稳定;导弹弹头和卫星整流罩、宇宙飞船的防热材料、太阳能电池阵基板都采用了环氧基及环氧酚醛基纤维增强材料来制造。

纤维缠绕工艺在航天器上的典型应用包括发动机壳体、发射筒、网格结构、各种压力容器等。国外复合材料导弹发射筒在战略、战术型号上广泛采用,如美国的战略导弹 MX 导弹、俄罗斯的战略导弹"白杨 m"导弹均采用复合材料发射筒。由于复合材料发射筒相对于金属材料而言,结构质量大幅度减轻,因此战略导弹的机动灵活成为可能。在战术导弹领域,复合材料导弹发射筒的应用更加普遍。

由意大利艾维欧(Avio)公司和阿里安集团共同研发的欧洲 P120C 发动机为整体式碳纤维固体火箭发动机,能够满足阿里安 6 与织女星 C 两种系统使用需求,于 2014 年 11 月项目立项后开始研发,并于 2018 年 7 月首次点火成功,产生了 378.9 t 的推力。该发动机直径为 3.4 m,长度为 13.5 m,推进剂质量为 14.2 t,其壳体采用预浸渍碳纤维环氧树脂复合材料通过纤维缠绕和铺放方法制成,喷管采用碳／碳复合材料等多种复合材料制成。在壳体的纤维缠绕成型设备方面,采用意大利 Avio 公司和德国 Roth Composite Machinery 公司共同研制的新型缠绕机,该缠绕设备的缠绕用芯模最长可达 17 m,直径达 3.6 m,重约 120 t,同时,针对 3 个不同的缠绕过程配有 3 个移动小车(分别实现热防护带缠绕、预浸丝束缠绕、自动铺带),每个移动小车长度为 7.4 m,移动速度可达 90 m/min。结合开发的专利树脂系统 HEX23 ©预浸材料(储存时间长,室温条件下储存长达 6 个月;高的热－力性能,玻璃转化温度约为 170 ℃)以干法缠绕成型技术完成加工。在纤维缠绕的工艺方面,干法缠绕工艺具备以下优点:① 能够精确控制树脂含胶量;② 最优纤维体积分数达 60%;③ 孔隙含量小且缺陷少;④ 缠绕速度比湿法缠绕成型快,可以达到湿法缠绕的 2 倍;(5) 工作环境干净、安全。

网格结构的研究早在 20 世纪 70 年代就已开始,目前已有多种类型网格结构在航空航天领域用作战略导弹级间段、空间飞行器舱体、箭与卫星的对接框等不同部件,如

1997 年美国空军菲利普实验室以自动化缠绕技术制作网格结构承力部件应用于飞机改制,美国加州复合材料中心将复合材料网格应用于航空喷气发动机,日本研制的碳/环氧复合材料网格结构作为第三级发动机与旋转平台的级间段结构成功地应用在 H1 火箭上。

随着我国航天产业的飞速发展,对纤维缠绕复合材料的需求也日益增加。国内两大航天集团都有相应单位开展纤维缠绕工艺与制品的研究。针对固体火箭发动机复合材料壳体的缠绕成型,国内航天部门已经开展了大量的研究和应用,比如:中国航天科技集团有限公司第四研究院西安航天复合材料研究所开展了湿法缠绕成型、干法缠绕成型、绝热层的纤维缠绕成型、高精度闭环张力控制、不同纤维与树脂体系的纤维缠绕制品性能对比等,取得了大量成果,是我国固体火箭发动机复合材料壳体、喷管和大型复合材料发射筒的主要承制单位之一。2021 年 10 月,该单位研制的直径 3.5 m、推力 500 t 的高冲质比整体式固体火箭发动机热试车成功。试验结果成功打通了我国千吨级推力固体发动机发展的关键技术链路,验证了多项关键技术,标志着固体火箭发动机技术跻身世界领先水平、我国固体运载能力实现大幅提升,可为我国未来大型、重型运载火箭固体动力提供重要技术支撑。中国航天科工集团有限公司第九研究院湖北三江航天江北机械工程有限公司主要从事航天型号产品及特种压力容器等产品的研发和生产,纤维缠绕技术是该单位的主要研究方向之一。该单位从 2000 年开始进行纤维缠绕技术的研究工作,主要在冷喷系统高压复合环形气瓶、各类固体火箭发动机缠绕壳体、复合材料级间段、固体姿轨控高温高压气瓶、分离导轨等航天产品上开展了缠绕技术研究工作,是国内固体火箭发动机缠绕壳体领域的重要力量。中国航天科工集团有限公司第六研究院是我国第一个固体火箭发动机研制生产基地,成功研制出百余种型号战略、战术、宇航用固体火箭发动机,荣获国家科技进步成果特等奖、一等奖、二等奖等多项国家和部委级科技成果奖项,为我国的航天事业和国防现代化建设做出了重要贡献。该单位研制的长征一号第三级固体火箭发动机成功将我国第一颗人造地球卫星“东方红一号”送入太空;先后两次获得中共中央、国务院、中央军委联合颁发的“重大贡献奖”,荣获航天系统唯一一块“优质固体火箭发动机金牌”。除了航天科工集团、航天科技集团的相关院、所、企业,兵器、航空、核工业、船舶、电子等集团的众多院、所、企业,哈尔滨玻璃钢研究院有限公司、北京玻璃钢研究院有限公司及一些民营企业也在纤维缠绕领域具有重要的影响力。

我国哈尔滨工业大学、哈尔滨玻璃钢研究院、北京玻璃钢研究院、武汉理工大学、合肥工业大学、西北工业大学等科研单位也开展了纤维缠绕技术与装备在航天领域的应用研究。其中哈尔滨玻璃钢研究院(原哈尔滨玻璃钢研究所)总结纤维缠绕成型规律,出版的专著《纤维缠绕原理》(冷兴武著)、《纤维缠绕技术》(哈玻著)是我国较早对缠绕规律及工艺的总结,对促进我国纤维缠绕技术的进步及纤维缠绕领域技术人才的培养具有重要的意义。

1.6 纤维缠绕装备与工艺的发展趋势

纤维缠绕装备与工艺未来将向大型化、复合化、自动化、智能化等方向发展。作者根据粗浅的理解和认识,总结了以下几方面的研究方向。

(1)面向纤维缠绕控形与控性的力学设计。采用新的数学、力学方法及理论进行缠绕制品设计、缠绕线型及轨迹设计和优化等,将复合材料力学、纤维轨迹优化及缠绕成型工艺有机结合。缠绕线型设计将从单一自由度的测地线/平面缠绕线型向纤维铺设路径灵活可调的多自由度缠绕线型模式发展。缠绕轨迹设计将从单纯满足缠绕工艺性设计向兼顾成型构件结构力学性能与可制造实现性的缠绕轨迹优化设计方向发展。

(2)高速、高精、高效、复合化、绿色化、个性化的纤维缠绕工艺装备研究。缠绕装备研究将集中于多自由度、多工位、宽纱带、复杂异型件缠绕、机器人缠绕、高速高精度缠绕、多工艺复合、清洁制造及针对特定产品的全自动生产线研发等方面。为了提高生产效率及成型制品质量,预浸带缠绕系统、原位高效加热固化系统及专用缠绕机将快速发展。缠绕设备中的辅助设备如快速浸胶装置、模块化导丝头、高精度张力控制器、高效固化模具等也将不断改进创新。

(3)数字孪生技术与纤维缠绕CAD/CAM软件深度融合。缠绕CAD/CAM软件将不仅具有完善的轴对称回转体纤维缠绕线型及轨迹设计功能,同时还能实现异型件纤维缠绕线型及轨迹设计、可视化缠绕过程仿真、后置处理和缠绕制品力学性能分析等功能。计算机、数控、数字化、数字孪生等最新技术及成果应用于纤维缠绕CAD/CAM软件,纤维缠绕工艺优化、缠绕成型工艺过程仿真、缠绕制品成型过程中及成型后性能分析功能更加完善。

(4)针对特殊需求或场景的多工艺复合。缠绕工艺将与铺放、拉挤、编织、RTM、连续纤维3D打印等其他树脂基复合材料成型工艺复合,实现优势互补,从而开发出缠绕-拉挤薄壁管、复合材料螺纹筋、柔性连续复合管道、复合材料板簧等产品,拓展并丰富缠绕成型工艺的内涵,扩大复合材料缠绕成型制品的应用范围。

(5)纤维缠绕装备及工艺的智能化。各种成熟传感器、检测及人工智能信息化技术将通过工业以太网应用到缠绕装备或生产线中,使生产效率、柔性化和信息化程度大幅提高,逐步实现缠绕装备的智能化。

第 2 章

纤维缠绕的数学模型

2.1　引　言

　　随着缠绕设备的不断更新和发展,人们越来越认识到生产高性能的复合材料构件(尤其是复杂构件)的关键并非在于硬件,而是在于纤维缠绕模式和设备运动方程的设计。纤维缠绕构件形状千差万别,种类和规格系列繁多,只靠经验和示教法是远远不能满足缠绕要求的。解决这一问题的唯一方法就是设计自动化,即采用纤维缠绕 CAD/CAM 技术。CAD/CAM 技术的产生和发展离不开数学模型,因此要发展纤维缠绕 CAD/CAM 技术,必须要构建合理的纤维缠绕数学模型。纤维缠绕的数学模型包括两方面的内容:纤维缠绕线型轨迹计算和缠绕机运动方程计算,它们是纤维缠绕技术的难点,是关乎着能否将符合复合材料力学设计的纤维缠绕构件制造出来的关键技术。

2.2　缠绕线型的分类

2.2.1　环向缠绕(circumferential/hoop winding)

环向缠绕是沿芯模(纤维缠绕制品的模具)近似圆周方向的缠绕。一般情况下,环向缠绕在芯模的圆柱段(又称圆筒段、筒身)进行。缠绕时,芯模绕中心轴线做匀速运动,绕丝嘴沿平行于芯模轴线且与圆筒段有一定安全距离的直线运动。芯模每转一圈,绕丝嘴移动一个纱带(多束纤维或预浸纱经合股后形成的带状材料,又称纤维束)的宽度,如此循环下去,直至纱带布满圆筒段表面,如图 2.1 所示。环向缠绕一般只能在圆筒段进行,不能缠绕封头;临近的纱带不重叠、不离缝,缠绕角通常在 $75° \sim 90°$ 之间。对于干法缠绕,由于加热后预浸带有一定黏性,相当于增加了摩擦力,也可以在特定的锥段实现环向缠绕。

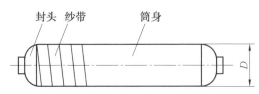

图 2.1　环向缠绕示意图

为使纱带不重叠也不离缝地覆盖圆柱段表面,必须要保证芯模旋转与绕丝嘴移动两个坐标之间满足一定的关系。即:芯模旋转一周,绕丝嘴需运动一个与纱带的宽度 b 对应的 w,缠绕角为

$$\alpha = \arccos \left(\frac{b}{\pi D}\right)$$

$$w = \frac{b}{\sin \alpha}$$

由于环向缠绕时,缠绕角一般接近 $90°$,所以工程应用上,常用芯模每旋转一周,绕丝嘴沿轴线运动一个纱带宽度 b 来实现(当 $\alpha = 85°$ 时,误差为 0.3%;当 $\alpha = 75°$ 时,误差为 3.5%,纱带之间会有重叠)。

2.2.2　平面缠绕(planar winding)

平面缠绕又称纵向缠绕、极性缠绕。在平面缠绕中纤维供给系统在单一平面内运动,而芯模则在面内转动。缠绕时,绕丝嘴在固定的平面内做匀速圆周运动,芯模绕自身轴线慢速旋转,绕丝嘴每转一周,芯模旋转一个微小角度(相当于芯模表面上一个纱带的宽度),结果是纤维层以 $\pm \alpha$ 在圆筒段中间部位交叠,如图 2.2 所示。在圆柱面上纱带与芯模轴线的夹角即为缠绕角,近似为

$$\tan \alpha = \frac{r_{01} + r_{02}}{h_1 + h_2 + l}$$

式中　r_{01}、r_{02}——两封头的极孔半径;

　　　　l——圆筒段长度;

　　　　h_1、h_2——两封头段高度。

平面缠绕线型轨迹是从一个极孔直接缠绕至另一个极孔,这种线型一般用于长度

较小的壳体。

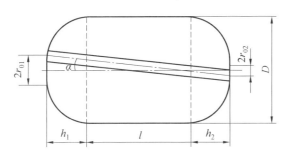

图 2.2　平面缠绕示意图

但是纤维轨迹在一个平面内,其圆柱面上的轨迹是一段正弦曲线,缠绕角是变化的,轨迹并不是测地线。

平面缠绕的优点:① 芯模通常是垂直安装在底座上,模具没有挠曲变形;② 立式缠绕实施小角度缠绕比较便捷。平面缠绕适合于采用比较小的缠绕角,一般在 5°～25°之间。对于长径比小于 4 的短粗型制件(等开口或不等开口),适合采用平面缠绕制备。

有些资料上认为平面缠绕是螺旋缠绕的一种特例(切点数等于 1 的螺旋缠绕),两者有相似之处,实际线型轨迹并不相同,两者的对比如图 2.3 所示。平面缠绕圆柱段部分的展开示意图如图 2.4 所示,可以看出其轨迹不是直线,是一段正弦曲线。

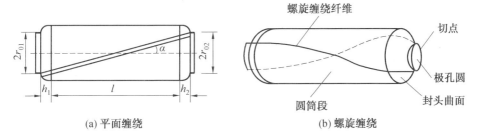

(a) 平面缠绕　　　　　　　　　　(b) 螺旋缠绕

图 2.3　平面缠绕与螺旋缠绕的对比

平面缠绕也可以用于缠绕球形压力容器,如图 2.5 所示。

2.2.3　螺旋缠绕(helical winding)

螺旋缠绕有时也称为测地线缠绕。螺旋缠绕时,纤维从容器一端的极孔圆周某点(或者从圆筒段)出发,随后按螺旋线轨迹经圆筒段,进入另一端封头,如此循环下去,直至芯模表面布满纤维为止。圆筒段理论上的缠绕角范围为$(0°,90°)$,工程上由于受到极孔大小的影响,要实现缠绕角为 0°或接近 0°,这就需要采取一些特殊的工艺手段,如挂钉缠绕等。

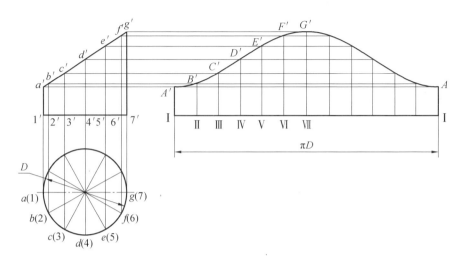

图 2.4   平面缠绕圆柱段部分的展开示意图
（图中字母为绘图需要人为确定的截面上的特征点）

如图 2.6 所示，螺旋缠绕轨迹由圆筒段的螺旋线及封头上与极孔相切的空间曲线所组成。一个循环往复，形成左右旋向相反的轨迹。螺旋缠绕的特点是每束纱带（一个循环往复）都对应极孔圆周上的一个切点，相同方向邻近纱带之间平行而不相交，相反方向的纱带则相交，如图 2.7 所示。当纤维均匀布满芯模表面时，就构成了两层缠绕层。

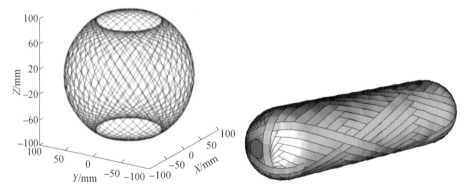

图 2.5   球形压力容器平面缠绕示意图   图 2.6   螺旋缠绕示意图

螺旋缠绕通常情况下由卧式纤维缠绕装备通过芯模旋转与绕丝嘴平移运动联动来实现，也可以通过立式缠绕装备来实现，如图 2.8 所示。

螺旋缠绕在圆筒段形成二维编织结构，螺旋缠绕单切点编织样式如图 2.9 所示。

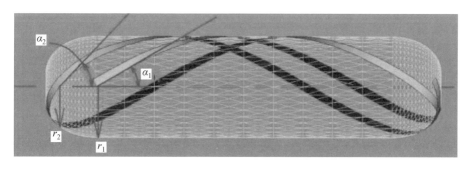

图 2.7　　螺旋缠绕线型示意图

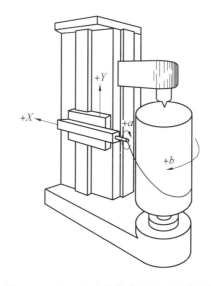

图 2.8　　由立式缠绕装备来实现螺旋缠绕

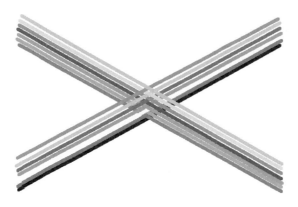

图 2.9　　螺旋缠绕单切点编织样式(平面展开图)

2.2.4　过渡缠绕

在纤维缠绕成型的过程中,往往需要螺旋缠绕、环向缠绕交替进行,势必要进行纤维剪断与纤维重新绑敷,影响生产效率。此时可以采用过渡缠绕线型,包括从螺旋缠绕过渡到环向缠绕,或者从环向缠绕过渡到螺旋缠绕。利用过渡缠绕线型,可以最大限度地保证纤维的连续性,保证缠绕运动过程的连续性。如果壳体对动平衡或壳体质量均匀性没有特殊要求,该段过渡纤维可以保留;如果有特殊要求,可以手动去除该段纤维。螺旋缠绕至环向缠绕的过渡如图 2.10 所示。

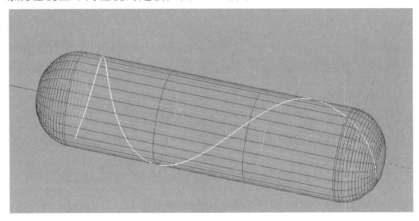

图 2.10　螺旋缠绕至环向缠绕的过渡

2.3　任意曲面稳定缠绕线型轨迹的数学模型

纤维缠绕必须满足两个基本的条件:① 在整个缠绕过程中纤维不滑线、不架空;② 纤维能够均匀布满整个芯模表面,不重叠也不离缝。

早在 18 世纪,法国数学家 Alexis Clairaut 就发现了回转曲面上测地线(测地线是曲面上任意指定两点间的最短连线,又称为短程线,是曲面上两点间最稳定的连线)的性质,即著名的克莱罗(Clairaut)公式:

$$r_i \sin \varphi_i = C = \mathrm{const} \tag{2.1}$$

式中　　r_i——母线上第 i 点的半径;

φ_i——第 i 点的缠绕角,即纤维切向与该点母线切向的夹角。

初期的纤维缠绕都是建立在式(2.1)的基础之上的。但测地线缠绕有它的局限性:① 缠绕角不可控制,任意给定曲面上的一个起始点和方向,只有唯一的一条测地线通过该点;② 工程中常用的不等开口容器等不可缠绕。

20 世纪 70 年代末,科技工作者对于纤维缠绕的理论进行了深入的研究和探索,1978 年,德国 Aachen 工业塑料工艺研究所在塑料工业协会(Society of the Plastics Industry,SPI)第 33 次技术年会上发表了后来被各国广泛引用的非测地线稳定缠绕条件:

$$\frac{k_{\mathrm{g}}}{k_{\mathrm{n}}} \leqslant \mu \tag{2.2}$$

式中　k_{g}——纤维路径的测地曲率;

　　　k_{n}——纤维路径的法曲率;

　　　μ——纤维与芯模或纤维与纤维之间的摩擦系数。

年会论文中只给出了式(2.2)所示的简单的公式形式,具体的微分方程的推导则没有公开发表。此后各国围绕非测地线发表了大量的文献。冷兴武、黄毓圣、邹蒙等针对柱、锥等特殊回转曲面利用三角方法给出了纤维稳定缠绕条件。李先立和 G. Di Vita、M. Marchetti、G. C. Eckold 等发表的论文以条件(2.2)为出发点,针对旋转体芯模曲面推导出了路径的微分方程。1997 年,苏红涛在其博士论文中给出了纤维稳定缠绕较严密的条件及详细的推导过程。

针对传统的采用切点法来表达缠绕线型的不严密性,1996 年浙江大学梁友栋从数学的角度提出纤维缠绕的几何模式和代数模式,其中几何模式解决纤维路径的几何问题,如不打滑、连续等问题;而代数模式则涵盖纤维缠绕中的路径分布及布满问题。

2.3.1　曲面上纤维的受力分析

如图 2.11 所示,取曲面 $S(u,\theta)$ 上的微段纤维 $\overset{\frown}{P_1 P_2} = \Delta s$,$P$ 为 $P_1 P_2$ 中点,T_1、T_2 分别为在 P_1、P_2 点所受的张力向量,α、β 分别为纤维轨迹在 P 点的切向量和主法向量,n 为曲面上该点的单位法向量(方向指向芯模外),$v = n \times \alpha$ 为 P 点切平面上一单位向量,e_1 为参数曲线 u 线在 P 点的单位切向量,φ 为 e_1 与 α 的夹角,即 P 点的缠绕角,F_{f}

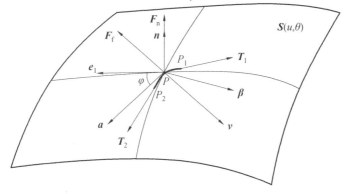

图 2.11　纤维微段受力分析

为纤维与芯模或上一层纤维之间的摩擦力,F_n 为芯模对纤维的法向反作用力。从图中不难看出,n、β、v 均在过 P 点垂直于 α 的一个法面内。

纤维在芯模表面稳定必然满足力平衡方程:

$$F_f + F_n + T_1 + T_2 = 0 \tag{2.3}$$

由于纤维质量较轻,忽略了其重力的影响。

设施加给纤维的张力值为 T,在 P_1、P_2 点的切向量分别为 α_1、α_2,则张力向量为

$$T_1 = -T \cdot \alpha_1$$

$$T_2 = T \cdot \alpha_2$$

$$\sum_{i=1}^{2} T_i = T_1 + T_2 = T(\alpha_2 - \alpha_1) = T\Delta\alpha \tag{2.4}$$

当 $\overset{\frown}{P_1 P_2} = \Delta s$ 足够小时,式(2.4)变为

$$\sum_{i=1}^{2} T_i = T\mathrm{d}\alpha \tag{2.5}$$

由曲线曲率的定义 $k\beta = \dfrac{\mathrm{d}\alpha}{\mathrm{d}s}$,可得 $\mathrm{d}\alpha = k\beta \cdot \mathrm{d}s$,将其代入式(2.5)可得

$$\sum_{i=1}^{2} T_i = Tk\beta \cdot \mathrm{d}s \tag{2.6}$$

式(2.6)说明当纤维段足够小时,纤维张力合力的方向平行于纤维轨迹的曲率向量 $k\beta$ 的方向,因为

$$k\beta = k_g \cdot v + k_n \cdot n$$

式中　　k_g——纤维轨迹在 P 点的测地(或短程)曲率;

　　　　k_n——轨迹在 P 点的法曲率。

故张力的合力也可分解到 v 和 n 两个方向:

$$\sum_{i=1}^{2} T_i = Tk_g\mathrm{d}s \cdot v + Tk_n\mathrm{d}s \cdot n \tag{2.7}$$

定义合力在 v 向的分力为

$$F_s = Tk_g\mathrm{d}s \cdot v \tag{2.8}$$

在 n 向的分力为

$$F_p = Tk_n\mathrm{d}s \cdot n \tag{2.9}$$

可以看出 F_s 是使纤维沿芯模表面滑动的力,F_p 是使纤维压紧或远离芯模的力。

2.3.2　架空的判断

所谓纤维的架空即纤维由于张力的作用而脱离曲面,不能与曲面贴紧的现象。根据纤维在曲面法向上的受力情况,下面分为三种情况进行讨论:

(1)当纤维轨迹在该方向的法曲率 $k_n > 0$ 时,F_p 与法线 n 的方向一致,使得纤维

远离芯模表面,故会产生架空;

(2) 当纤维轨迹在该方向的法曲率 $k_n < 0$ 时,$\boldsymbol{F}_p$ 与法线 $\boldsymbol{n}$ 的方向相反,压紧芯模表面,不会产生架空;

(3) 当纤维轨迹在该方向的法曲率 $k_n = 0$ 时,$\boldsymbol{F}_p = 0$,既不压紧也不远离芯模表面,不会产生架空。

因此可得,纤维轨迹在曲面上不架空的条件为

$$k_n \leqslant 0 \tag{2.10}$$

2.3.3　稳定缠绕条件的推导

纤维要在芯模上保持稳定,必须满足不等式:

$$|\boldsymbol{F}_s| \leqslant |\boldsymbol{F}_f|_{\max} = |\boldsymbol{F}_p| \cdot \mu_{\max} \tag{2.11}$$

式中　$\mu_{\max}$——纤维与芯模或纤维与纤维之间的最大摩擦系数。

对式(2.8)和式(2.9)两端取模可得

$$|\boldsymbol{F}_s| = |Tds| \cdot |k_g \cdot \boldsymbol{v}| \tag{2.12}$$

$$|\boldsymbol{F}_p| = |Tds| \cdot |k_n \cdot \boldsymbol{n}| \tag{2.13}$$

将式(2.12)、式(2.13)中消去 $|Tds|$ 可得

$$|\boldsymbol{F}_s| = |\boldsymbol{F}_p| \cdot \frac{|k_g|}{|k_n|}, \quad k_n \neq 0 \tag{2.14}$$

将式(2.14)代入式(2.11)可得纤维在芯模上保持稳定的条件为

$$\frac{|k_g|}{|k_n|} \leqslant \mu_{\max}, \quad k_n \neq 0 \tag{2.15}$$

对于任意表面,要使得纤维紧贴芯模表面不架空,必须满足式(2.10)的条件。因此,对于纤维在曲面上的稳定且不架空条件可以分两种情况进行讨论:

(1) 当 $k_n = 0$ 时,$\boldsymbol{F}_p = Tk_nds \cdot \boldsymbol{n} = 0$,$|\boldsymbol{F}_f| = |\boldsymbol{F}_p| \cdot \mu = 0$,由力平衡方程式:

$$|\boldsymbol{F}_s| = Tk_gds \cdot \boldsymbol{v} = |\boldsymbol{F}_f| = 0$$

可得 $k_g = 0$。因此当 $k_n = 0$ 时,只有测地线缠绕,纤维才会稳定。

(2) 当 $k_n < 0$ 时,式(2.15)变为

$$-\frac{|k_g|}{k_n} \leqslant \mu_{\max}, \quad k_n < 0 \tag{2.16}$$

由此可见,纤维缠绕路径为曲面上的曲线,过曲面上一点可以有不同方向的曲线或纤维缠绕路径,只有找到满足式(2.16)的方向,才能实现稳定且不架空的缠绕。

2.4　回转体的稳定缠绕轨迹数学模型

在航天和民用压力容器中,轴对称的回转体构件占大多数,本节将对回转体的稳

定缠绕不架空条件进行深入具体的分析,重点对凹曲面回转体的架空问题和组合回转体的实际缠绕问题进行研究。

2.4.1 以滑线系数为变量的非测地线公式

对于回转体 $S(u,v) = \{f(u)\cos v, f(u)\sin v, u\}$,根据式(2.16)和曲面的测地线公式可以得到

$$\frac{\mathrm{d}\varphi}{\mathrm{d}u} = \frac{[\lambda\sin\varphi - f'(u)] \cdot \tan\varphi}{f(u)} - \frac{\lambda \cdot f''(u)\cos\varphi}{[1 + f'(u)^2]} \tag{2.17}$$

式中　　u—— 沿轴向的曲面参数,即轴向坐标;

　　　　v—— 沿环向的曲面参数,即中心角;

　　　　$f(u)$—— 回转体的母线方程;

　　　　φ—— 缠绕角;

　　　　λ—— 滑线系数,$\lambda = \dfrac{|k_g|}{|k_n|}$。

令 $\lambda = 0$,即可得到纤维缠绕的测地线公式。在 λ 一定的情况下,若给定边界条件,利用常微分方程数值解法,如龙格－库塔法,可唯一地确定缠绕角 φ 与轴向坐标 u 的关系。

中心角与轴向坐标的关系为

$$\frac{\mathrm{d}v}{\mathrm{d}u} = \sqrt{\frac{G}{E}} \cdot \tan\varphi = \sqrt{\frac{1 + f'(u)^2}{f(u)^2}} \tan\varphi \tag{2.18}$$

对于特殊的回转体,例如圆柱和圆锥,可以得到其非测地线公式的解析形式。对于圆柱有

$$S = \left| \frac{R}{\lambda} \left(\frac{1}{\sin\varphi_0} - \frac{1}{\sin\varphi} \right) \right| \tag{2.19}$$

式中　　S—— 圆柱的长度;

　　　　R—— 圆柱半径;

　　　　φ_0—— 初始缠绕角。

对于圆锥有

$$\varphi = \arcsin\left(\frac{r_0 \cdot \sin\varphi_0}{r_0 + \tan\beta \cdot l - l \cdot \lambda \cdot \sin\varphi_0} \right) \tag{2.20}$$

式中　　r_0—— 圆锥小端半径;

　　　　β—— 圆锥的半锥角;

　　　　l—— 锥面的长度。

对于式(2.17),目前只能用数值算法进行求解,由于需要正切运算,因此在 $\varphi = 90°$ 附近进行计算时,得出的数值解往往与理论解差别较大,造成线型误差。在几何造型时,对于回转体可以由无穷多个圆锥来逼近。受到此启发,可否用微小的圆锥对任意

回转体进行逼近并进行缠绕计算呢? 作者对此进行了分析和尝试。在编制程序进行验证后发现,利用微锥来逼近回转体,得到的缠绕角设计范围非常小。经过分析,发现利用微锥逼近回转体来进行缠绕计算,丢失了式(2.17)中母线方程的二次导数项,且在两锥交接处造成了曲面的不连续。因此在实际应用中,利用微锥来逼近任意回转体并进行缠绕计算是有局限性的。

2.4.2　架空条件判别式

由欧拉公式可知法曲率:

$$k_n = k_u \cos^2 \varphi + k_v \sin^2 \varphi$$

式中　　k_u、k_v —— 曲面 $S(u,v)$ 在参数曲线方向的主曲率;

　　　　φ —— 缠绕角。

对于回转曲面恒有 $k_v < 0$,根据式(2.10)可得回转体芯模的架空判别条件:

(1) 当 $k_u \leqslant 0$ 时,无论缠绕角 φ 取何值均可满足 $k_n \leqslant 0$,缠绕不会架空;

(2) 当 $k_u > 0$ 时,此时 $k_u \cdot k_v < 0$,为负高斯曲率面。此时要纤维不架空需满足 $k_u \cos^2 \varphi + k_v \sin^2 \varphi \leqslant 0$,即 $\tan^2 \varphi \geqslant -k_u/k_v$。因此可得并不是所有凹曲面的缠绕都会架空,只要缠绕角能满足一定的要求,凹曲面缠绕就不会架空。

对于具体的回转曲面 $S(u,v) = \{f(u)\cos v, f(u)\sin v, u\}$,则有

$$k_u = \frac{L}{E} = \frac{f''}{(1 + f'^2)^{\frac{3}{2}}}$$

$$k_v = \frac{N}{G} = -\frac{1}{f\sqrt{1 + f'^2}}$$

可见 k_v 始终小于零,k_u 的符号由 f'' 决定。当 $f'' \leqslant 0$ 时,肯定不会架空,无须进行架空判断;当 $f'' > 0$ 时,由 $\tan^2 \varphi$ 是否大于 $-k_u/k_v$ 来判断纤维是否架空,即需满足式(2.21)才不会架空:

$$\tan^2 \varphi \geqslant -\frac{k_u}{k_v} = \frac{ff''}{1 + f'^2} \tag{2.21}$$

2.4.3　组合回转体凹曲面过渡段的缠绕

回转体芯模一般都是二次曲面的组合形式,即圆柱体、圆锥体、球体、椭球体等基本形体之间的组合。基本形体之间的光滑连接即形成过渡段,当过渡曲面为凸曲面时,不会发生架空;但当过渡段出现负高斯曲率面时,缠绕就可能出现架空现象。在采用凹曲面过渡段时,为了造型和计算的方便,一般选择凹圆曲线回转曲面和单叶双曲面作为过渡段曲面,其纵剖面如图 2.12 所示,其中,X 轴为回转中心线。

过 $A(0, r_0)$、$B(h, R)$ 的凹圆曲线方程为 $x^2 + (y - y_0)^2 = (R_0)^2$,其中

$$y_0 = \frac{R^2 - r_0^2 + h^2}{2(R - r_0)}$$

$$R_0 = \frac{R^2 + r_0^2 + h^2 - 2Rr_0}{2(R - r_0)}$$

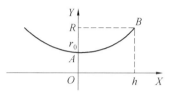

图 2.12　凹曲面过渡段纵剖面

记芯模母线的 Y 坐标为 r，由式(2.21)得凹圆曲线回转面的不架空条件为

$$\tan^2 \varphi \geqslant \frac{-2r(R - r_0)}{2r(R - r_0) - R^2 + r_0^2 - h^2} \tag{2.22}$$

同样，对于过 A、B 点的双曲线，由式(2.21)可得单叶双曲面的不架空条件为

$$\tan^2 \varphi \geqslant \frac{r_0^2(R^2 - r_0^2)}{(R^2 - r_0^2 + h^2)r^2 - r_0^2(R^2 - r_0^2)} \tag{2.23}$$

在二次曲面中，单叶双曲面是一类特殊的曲面，它由一与中心轴成一定角度的直线绕中心轴回转而成，即为直纹面。可以证明单叶双曲面上直纹线的缠绕角满足

$$\tan^2 \varphi = \frac{r_0^2(R^2 - r_0^2)}{(R^2 - r_0^2 + h^2)r^2 - r_0^2(R^2 - r_0^2)} \tag{2.24}$$

即单叶双曲面上直纹线的缠绕角恰好为不架空的临界缠绕角。而且由于直纹线为测地线，因此若缠绕时能够沿着单叶双曲面上直纹线进行，则纤维轨迹必然会稳定且不架空。

2.4.4　带凹曲面过渡段的组合回转体缠绕实验

为了对上述理论进行验证，作者设计一个带凹回转曲面过渡段的组合芯模，芯模的形状如图 2.13 所示。在过渡段处，分别使用了凹圆曲线回转面和单叶双曲面作为过渡面，其纵剖面线为 ABC 段。A、B、C 点坐标分别为(494.783,100.955)、(558.791,65.525)、(622.800,100.955)。

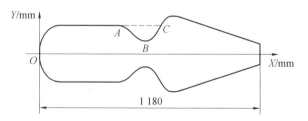

图 2.13　带凹曲面过渡段的实验芯模形状示意图

当 ABC 段取为凹圆曲线时，由式(2.22)可得 A、B、C 各点的最小缠绕角分别为 $57.777°$、$42.960°$、$57.777°$。当 ABC 段取为双曲线时，其曲线方程为

$$\frac{y^2}{65.525^2} - \frac{(x-558.791)^2}{54.720^2} = 1$$

由式(2.23)可得 A、B、C 各点的最小缠绕角分别为 $29.907°$、$50.191°$、$29.907°$。

对于回转体芯模,按照纤维缠绕的基本理论,沿芯模半径减小方向缠绕角应该增大。当选用凹圆曲线作为过渡段时,其缠绕角的可变化范围要比采用双曲线作为过渡段小得多。因此从缠绕的可行性角度来衡量,凹圆曲线回转面的缠绕工艺性不好。

当纤维轨迹满足不架空要求后,就可以按照利用摩擦机理的非测地线理论进行线型计算了,只要滑线系数小于芯模表面的摩擦系数就可以保证纤维在芯模表面稳定不打滑。实际缠绕过程如图 2.14 所示,在缠绕的过程中,没有出现架空和滑线问题。只是在缠绕凹曲面时,小车运动不太平稳,这个问题最终通过剔除奇异点等平滑处理方法得以解决。

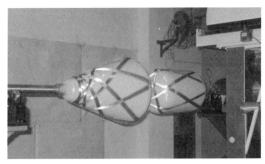

图 2.14　组合回转体缠绕实验

通过实验可以得到以下的结论:

(1) 对负高斯曲率回转曲面进行缠绕时,当缠绕角满足一定的条件时完全可以避免架空的产生;

(2) 组合回转体的凹曲面过渡段采用单叶双曲面比采用凹圆曲线回转曲面具有更好的缠绕工艺性,而且其直纹线的缠绕角恰好为不架空的临界缠绕角,因此对于组合回转体的凹曲面过渡段应优先选用单叶双曲面;

(3) 在对带有凹曲面的组合回转体进行缠绕时,为了保证运动的平稳性,需要剔除奇异点,进行平滑处理。

2.5　轴对称纤维缠绕的代数模式

对于轴对称缠绕,实践上往往通过芯模的旋转与纤维的往复运动来定义和设计缠绕模式,即传统的切点法,如图 2.15 所示;理论上,浙江大学梁友栋从数学的角度把纤维缠绕模式划分成几何模式和代数模式,用代数和复分析的方法建立了完整的代数模式的数学模型。

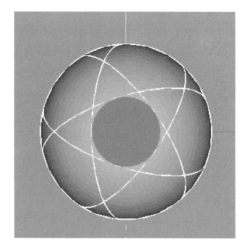

图 2.15   五切点线型在封头处形成的线型

在纤维缠绕成型过程中,纤维按时间顺序不断编织芯模,直至最后完全覆盖整个芯模。把轴对称芯模做个横截面,观察纤维编织该横截面的情况,可知两条相邻纤维的偏移角(图 2.16 中两相邻纤维之间的弧长所对应的中心角)是一样的,而且不同截面得到的编织样式是一样的(相差一个旋转角度),如图 2.16 所示。

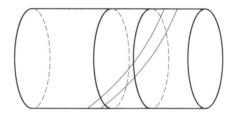

图 2.16   芯模横截面上的两条纤维

据此可知,对于轴对称芯模,只需考察任意一个横截面上的纤维缠绕情况即可得出纤维的分布情况,即缠绕的代数模式。为方便研究,尽管实际缠绕芯模形状千变万化,但芯模的几何拓扑结构终究是个旋转曲面,且纤维在横截面上均匀分布,不妨假设横截面是个单位圆,取该单位圆的圆心为复平面 π 的原点,记 ψ 为两相邻纤维束的偏移角。因为实际缠绕中,用于缠绕的是由好几条纤维组成的有一定宽度的纤维束,所以下文以纤维束代替纤维,在不混淆的情况下,纤维和纤维束等同。记集合 $P = \{W_t \mid t=0,1,2,\cdots\}$ 为按时间顺序置于单位圆 C 上的每条纤维束中心点列集。则在复平面 π 上,集合 P 表示如下:

$$P = \{W_t = e^{i\psi t} \mid t=0,1,2,\cdots\} \tag{2.25}$$

式中 $e^{i\psi t}$ ——P 中点序列的欧拉(Euler)表达式,用复数表示即为

$$e^{i\psi t} = \cos \psi t + i\sin \psi t$$

在合理的缠绕代数模式下,应在有限个缠绕往复后纤维束覆盖整个芯模,即集合 P 中点序列是有限的,易知 P 为有限集合当且仅当存在唯一的一对正数 M 和 K($0 < K < M$) 使得

$$M\psi = 2\pi K \tag{2.26}$$

其中 M 是满足式(2.26)的最小正整数,容易证明集合 P 恰好含有 M 个点序列,且 P 可改写为

$$P = \{W_t = e^{i\psi t} \mid t = 0,1,2,\cdots,M-1\} \tag{2.27}$$

由于集合 P 中的点把单位圆 C 均匀地分为 M 等份圆弧,每条圆弧所对应的中心角为 $2\pi/M$,记

$$\theta = \frac{2\pi}{M} \tag{2.28}$$

则 P 与如下集合 U 等价:

$$U = \{U_k = e^{k\theta i} \mid k = 0,1,2,\cdots,M-1\} \tag{2.29}$$

但各点出现在集合 P 与 U 中的顺序是不相同的,在 U 中与 $W_0 = e^{0i}$ 最靠近的两点分别是 $e^{i\theta}$ 与 $e^{-i\theta}$,因而存在正整数 m,使得

$$e^{im\psi} = e^{\pm i\theta} \tag{2.30}$$

即存在一个整数 $n \geqslant 0$,使得

$$m\psi = 2n\pi \pm \theta \tag{2.31}$$

把式(2.26)和式(2.28)代入式(2.31),则有

$$mK - Mn = \pm 1 \tag{2.32}$$

假设 m 和 n 可正可负,则式(2.32)可写成如下简单形式:

$$mK - Mn = 1 \tag{2.33}$$

这表明对于给定的一个均匀点序列 P,就可以确定唯一的一组数 M 与 K,同时存在一对整数 (m,n) 满足式(2.33)。一般的 (m,n) 有无穷多个,但加上约束条件:$|m|$ 最小,则 (m,n) 就只有一对。易证 $|m|$ 最小等价于如下条件:

$$-\frac{M}{2} < m < \frac{M}{2} \tag{2.34}$$

从而对于给定点序列 P,存在唯一的四元数 (M,K,m,n) 满足式(2.33)、式(2.34) 和条件

$$1 < K < M \text{ 或 } K = M+1 \tag{2.35}$$

反之,对于满足式(2.33)、式(2.34)和式(2.35)的四个整数 (M,K,m,n) 可唯一确定一个含有 M 个点的均匀序列 P,使得 $\psi = 2\pi K/M$。方程组(2.33)、(2.34)和(2.35)称为纤维缠绕的基本方程,其中 M 称为分割数,K 称为跳跃数,m 和 n 称为模式数。

由分割数 M、跳跃数 K、模式数 m 和 n 决定的,按时间顺序生成的,均匀地位于单位圆上的点序列 P 称为纤维缠绕的代数模式,记为 $P(M,K,m,n)$,点序列集 P 由下式决定:

$$P = \{W_t = e^{it\frac{2\pi K}{M}} \mid t = 0,1,2,\cdots,M-1\} \tag{2.36}$$

其中 M 和 K 及 m 和 n 满足缠绕运动基本方程,并称 M、K、m 和 n 为 P 的参数。当 $m = \pm 1$ 时,有两个特殊的代数模式 $P(M,M+1,1,1)$、$P(M,M-1,-1,-1)$,如图 2.17 所示。

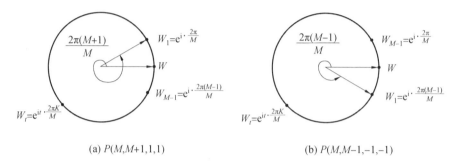

(a) $P(M,M+1,1,1)$ (b) $P(M,M-1,-1,-1)$

图 2.17   对于 $m = \pm 1$ 的两个特殊缠绕模式

又如,取 $M = 12$,$K = 5$,对应的代数模式点序列为

$$P = \{W_t = e^{it\frac{2\pi \cdot 5}{12}} = e^{it\frac{5\pi}{6}} \mid t = 0,1,2,\cdots,11\}$$

解得满足基本方程的模式数为 $m = 5$,$n = 2$,缠绕过程如图 2.18 所示,其中黑色线条代表纤维束,W_i 表示缠绕顺序。

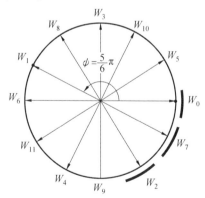

图 2.18   对应于 $P(12,5,5,2)$ 的缠绕过程

根据代数缠绕的定义和纤维缠绕的基本方程易知下列表达式等价:

(1) 点序列集 P;

(2)(M,K);

(3)(M,K,m,n);

(4)(M,m)。

注：

(1) 由于代数模式(M,K,m,n)要满足基本方程(2.33)，根据现代数论知识可知M和K互素，即M和K并不相互独立，一旦M给定，K不再完全自由；

(2) 在实际缠绕过程中，M其实是完全覆盖芯模所必需的纤维束数量，而K则控制着纤维的编织模式，即影响着其产品的力学性能；

(3) 对于给定的分割数M和跳跃数K，如果M和K互素，则(M,K)可为某一纤维缠绕的代数模式。

纤维完全覆盖芯模的代数模式，是数学意义上较严密的缠绕模式定义。作者对纤维缠绕的代数模式与传统的切点法进行了比较，发现具有如下异同点：

(1) 传统的切点法只是讨论一个标准线型，而代数模式则从覆盖整个芯模的角度来规划缠绕线型；

(2) 传统的切点法可以非常直观地表达出花纹的特征，虽然代数模式的K控制着编制的模式，但仍然不能反映出花纹特征；

(3) 传统的切点法考虑带宽是为了错带宽以布满整个表面，而代数模式则利用带宽来求得完全覆盖的循环数M；

(4) 当完全循环数M恰好不为整数时，采用代数模式的纤维束之间的重叠非常均匀，而传统的切点法重叠则集中在几个区域；

(5) 传统的切点法只能用于回转体构件，而代数模式对于异型件的缠绕也有一定的指导和借鉴意义。

2.6　纤维缠绕运动方程

2.6.1　纤维缠绕机的特点

纤维缠绕机的机械结构形式可以分为卧式、立式两种，由于卧式缠绕机运动范围大，装卸工件方便，适用于各种尺寸构件的缠绕，因此应用最为广泛。其组成如图2.19所示，可以看出卧式缠绕机与数控车床的布局比较相似，它们之间有如下的相同点：

(1) 在制造复杂构件时，都需要多坐标协调运动，即多轴联动以合成复杂的成型运动；

(2) 高档的数控缠绕机与高档的金属切削机床在机械结构和传动方面采用了几乎相同的改善精度的措施，如采用齿轮消隙机构、滚珠丝杠、滚动导轨等高效传动件。

但由于两者应用领域的不同，两者又有着很大的不同，主要有：

(1) 金属切削机床是靠去除材料成型，会产生边角料和切屑，而缠绕机是增材制

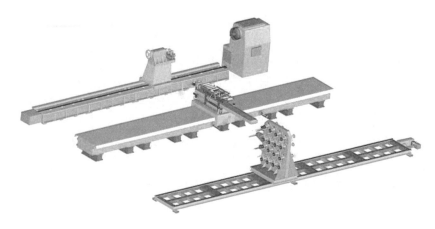

图 2.19　卧式缠绕机的组成示意图

造,靠增加材料成型,不会产生边角料;

(2)金属切削机床切削时刀具与工件接触,而纤维缠绕时,绕丝嘴一般与芯模保持一定的距离;

(3)对于可缠绕的零件,由于要求纤维紧贴芯模表面、稳定不滑线,还要避免绕丝嘴与芯模的干涉,因此多轴纤维缠绕机的运动计算一般比多轴数控金属切削机床复杂;

(4)金属切削机床的主轴一般只有速度控制,而数控缠绕机的主轴是位置控制,要参与插补;

(5)缠绕一个构件,绕丝嘴往往要经过成千上万次的往复循环,这远远多于金属切削机床;

(6)缠绕过程中,小车、伸臂的进给速度最高可达几十乃至上百米每分,远远大于金属切削机床的进给速度;

(7)纤维缠绕机由于要带动小车和纱架运动,因此导轨数一般比数控车床要多。

2.6.2　缠绕机各坐标的运动关系

要实现回转体的纤维缠绕,理论上讲只需要有两个基本运动即可,即主轴的回转运动和小车的往复直线运动。而在实际缠绕中,一般要增加伸臂的伸缩直线运动来减小缠绕时的超越长度。另外,纤维束均具有一定的宽度,要使得纤维能够均匀展开并且在缠绕过程中不发生扭曲和松边、紧边现象,充分发挥纤维的强度,提高制品的力学性能,还需要增加绕丝嘴和摆头的转动坐标。如果要对三通、S形管等异形件进行缠绕,小车的升降坐标则是必需的。图 2.20 所示为通用型六坐标纤维缠绕装备各坐标关系示意图。根据应用场合和功能需求的不同,实际生产中的缠绕装备可能只有其中的三轴或四轴。

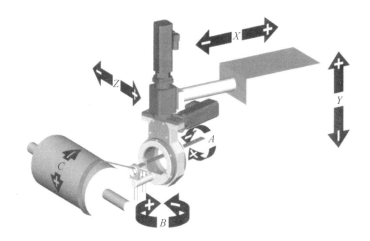

图 2.20　　通用型六坐标纤维缠绕装备各坐标关系示意图

2.6.3　六坐标运动方程的推导

纤维缠绕是由绕丝嘴导引着纤维缠绕到芯模上去的,确定缠绕机的运动方程,即是确定绕丝嘴的运动轨迹。在工程上最常用的还是回转体缠绕构件,以下对回转体纤维缠绕构件的运动方程加以讨论,至于异形件缠绕时的运动方程则在第 5 章另行讨论。

(1)直线运动坐标 X、Y、Z。

如图 2.21 所示,设 ϕ 表示纤维轨迹上一点 P 在芯模横截面上绕截面中心从 X 轴转向 P 点的夹角,称为纤维的落纱角。因为对于纤维轨迹上任意点的切线,只要旋转芯模就可以产生无数条,所以对纤维切线有一定的限制条件,即落纱角应在绕丝嘴运动对应的坐标象限中。一般情况下令 $0 < \phi < \pi$。

过 P 点的切线 l_t,可表示为

$$\frac{x - x_\mathrm{p}}{t_x} = \frac{y - y_\mathrm{p}}{t_y} = \frac{z - z_\mathrm{p}}{t_z} = K$$

点 P 的坐标为:$\{x_\mathrm{p}, y_\mathrm{p}, z_\mathrm{p}\} = \{R(z_\mathrm{p})\cos\phi, R(z_\mathrm{p})\sin\phi, z_\mathrm{p}\}$,过该点的切线方向可由 z_p 和 ϕ 确定:

$$\boldsymbol{T} = \left\{ R_z(z_\mathrm{p})\cos\phi - R_z(z_\mathrm{p})\sin\phi\,\frac{\mathrm{d}\phi}{\mathrm{d}z}, R_z(z_\mathrm{p})\sin\phi + R_z(z_\mathrm{p})\cos\phi\,\frac{\mathrm{d}\phi}{\mathrm{d}z}, 1 \right\}$$

$$= \{t_x, t_y, t_z\}$$

$$(2.37)$$

设绕丝嘴的轨迹为 Γ_1,虽然 Γ_1 可以自由设计,但为了保证 l_t 和 Γ_1 之间存在交点和求解方便,可以定义 Γ_1 为平面:$A(x - x_\mathrm{m}) + B(y - y_\mathrm{m}) + C(z - z_\mathrm{m}) = 0$ 上的一条曲线,其中向量 $\{A, B, C\}$ 是该平面的法线,$M : \{x_\mathrm{m}, y_\mathrm{m}, z_\mathrm{m}\}$ 是平面上一点。通常设绕丝

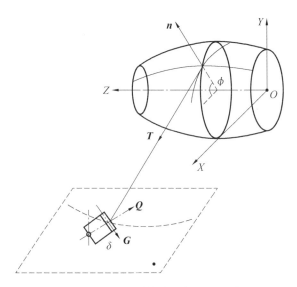

图 2.21　纤维缠绕各坐标向量的关系

嘴的运动轨迹为芯模截线的等距线或者距离芯模表面最高点一定距离的直线,这样选择有如下的优点:① 避免了绕丝嘴与芯模可能的碰撞;② 可以使绕丝嘴在距离芯模很近的位置运动,减小了与绕丝嘴关联的各坐标运动范围,可提高缠绕效率和缩小机床体积;③ 绕丝嘴与落纱点的距离减小,使得各坐标的速度和加速度变化因悬线的放大作用减小而降低;④ 统一了绕丝嘴约束轨迹的规划形式,便于编程计算。

设切线 l_t 和 Γ_1 的交点为 $E:\{x_e,y_e,z_e\}$,一系列交点可以由以下方程组确定:

$$\begin{cases} F(x_e,y_e,z_e)=0 \\ \dfrac{x_e-x_p}{t_x}=\dfrac{y_e-y_p}{t_y}=\dfrac{z_e-z_p}{t_z}=K \end{cases} \quad (2.38)$$

其中 K 由下式确定:

$$K=-\frac{[A(x_p-x_m)+B(y_p-y_m)+C(z_p-z_m)]}{At_x+Bt_y+Ct_z}$$

解上述方程组可以得到关于 ϕ 的单变量方程:$f(x_e(\phi),y_e(\phi),z_e(\phi))=0$,$\phi$ 可以由数值解法求出,代入式(2.38),则得交点 $E:\{x_e,y_e,z_e\}$。其中 x_e 对应伸臂的位置,y_e 对应垂直坐标的位置,z_e 对应小车的位置,即

$$\begin{cases} X=x_e \\ Y=y_e \\ Z=z_e \end{cases}$$

（2）回转运动坐标 A、B、C。

主轴的位置可以在求得落纱角后,由公式

$$c=\phi-v \quad (2.39)$$

确定,其中 v 为纤维轨迹的中心角,此时求得的是主轴的绝对位置转角。

纤维缠绕工艺中为使纤维束平整地缠绕在芯模上,不发生扭曲,并且不在出纱辊上滑动,则需要保证出纱辊向量既垂直于悬纱,又垂直于落纱点处的法向量,即

$$G = n \times T = \{x_g, y_g, z_g\} \tag{2.40}$$

要实现这个条件需要缠绕设备增加两个转动坐标:一个是绕丝嘴绕 Y 轴的转动,用 B 表示;另一个是出纱辊自身的转动,用 A 表示。

在 XOZ 平面内,垂直于 G 的向量 Q 与 X 轴的夹角即为偏摆坐标 B:

$$B = \arctan \frac{x_g}{z_g} \tag{2.41}$$

向量 G 绕 Q 的转角即为绕丝嘴的自身转动坐标 A:

$$A = \arcsin y_g \tag{2.42}$$

偏航坐标 B 的出现使得对应绕丝嘴轨迹 $\{X, Y, Z\}$ 的伸臂坐标(X)、升降坐标(Y)和小车坐标往复坐标(Z)需要做相应的调整。设偏航坐标的偏转半径为 δ,调整后的坐标为 $\{X_s, Y_s, Z_s\}$,则有

$$\begin{cases} X_s = X + \delta \cdot \sin B \\ Z_s = Z - \delta \cdot \cos B \\ Y_s = Y \end{cases} \tag{2.43}$$

2.7　压力容器封头厚度预测模型

压力容器的设计是一项复杂的工作,设计过程中需要进行精确的计算和模拟,以确保压力容器可以在各种条件下安全稳定地工作。压力容器的正确建模有助于分析性能影响因素,优化设计以降低成本。通过建模,设计人员或工程师能够有效地评估压力容器的寿命,并制订相应的维护计划,为容器长期可持续稳定运行奠定基础。

纤维缠绕成型的复合材料压力容器,由纤维缠绕成型的路径设计基本原理决定了纤维缠绕压力容器的封头厚度不可能与筒身等厚。纤维缠绕复合材料压力容器的封头和筒身处覆盖着相同数量的纤维束,封头处由于半径及缠绕角的变化,其厚度出现不均匀性。一般情况下,越接近极孔,封头厚度变化越剧烈。因此,建立封头厚度模型是纤维缠绕复合材料压力容器设计和仿真分析的基础,对封头厚度预测的准确度一定程度上决定了分析结果的准确度和可信度。

2.7.1　厚度预测

(1)单公式法。

$$h_f = \frac{nA}{2\pi R} \frac{1}{\rho \cos \beta}, \quad \rho = \frac{r}{R} \tag{2.44}$$

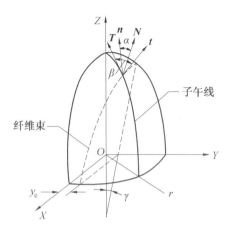

图 2.22 单公示法厚度建模原理(典型
的平面缠绕圆顶几何形状)

如图 2.22 所示,R. F. Hartung 等在平面缠绕的研究中提出式(2.44),A 为纤维束截面积;R 为底部半径;d 为纤维束宽度;n 为平行圆被相交的纤维束分成相等线段的数量。哈尔滨工业大学王荣国提出了改进后的变形公式,即

$$t(r) = \frac{R\cos \alpha_0}{r\cos \alpha} \times t_R \tag{2.45}$$

整体来看,该公式较为简单,在接近极孔处,缠绕角逐渐接近 90°,会导致纤维厚度在接近极孔处出现极大值。

(2)Stang 图解法。

D. A. Stang 针对纤维缠绕制品在极孔处的堆积以平面缠绕作图的方式开展研究,发现:缠绕的最大厚度出现在距极孔一个带的宽度处,其梳理了纤维束条数(18～48 之间)与缠绕的最大层数之间的关系。采用作图的方式,将纤维束之间的重合层数进行标注,得到了平面缠绕模式下最大层数与纤维束数目的关系,确认了最大层数在距离极孔一个带的宽度处,但是并未对整个封头处的所有重合层数进行研究,无法对纤维束在封头上的整体分布情况进行表征。同时,由图 2.23 中可以看出,其中的纤维束为直线段,并不符合螺旋缠绕的设计情况。

$$L = \frac{N}{4} + 3 \tag{2.46}$$

式中　　L——最大层数;

　　　　N——图中纤维带的数量,$18 < N < 48$。

(3)Knoell 等式法。

在 Stang 的基础上,Knoell 推导出任意一点的层数,以距离极孔一倍纱宽的位置对封头进行分区计算,公式如式(2.47)所示,结合式(2.48),进而得出缠绕层厚度。

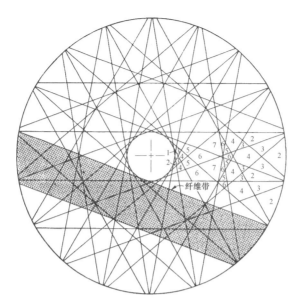

图 2.23　平面作图图解法示意图

$$\begin{cases} N=2\left[1-0.1\left(\dfrac{R-R_{\mathrm{B}}}{W}\right)\right]\left(\dfrac{R_{\mathrm{r}}}{W}\right)\arccos\left(\dfrac{R_{\mathrm{B}}}{R}\right), \quad R_{\mathrm{B}}\leqslant R\leqslant(R_{\mathrm{B}}+W)\\[3mm] N=2\left[0.9+0.1\left(\dfrac{R-R_{\mathrm{B}}-W}{R_{\mathrm{r}}-R_{\mathrm{B}}-W}\right)\right]\left(\dfrac{R_{\mathrm{r}}}{W}\right)\left[\arccos\dfrac{R_{\mathrm{B}}}{R}-\arccos\left(\dfrac{R_{\mathrm{B}}+W}{R}\right)\right], \\[1mm] \qquad (R_{\mathrm{B}}+W)\leqslant R\leqslant R_{\mathrm{r}} \end{cases}$$

$$\tag{2.47}$$

式中　　W——纤维束宽度；

　　　　R_{r}——筒身半径；

　　　　R_{B}——极孔半径。

$$t_{\mathrm{p}}=\left(\dfrac{t_{\mathrm{e}}}{2}\right)N \tag{2.48}$$

式中　　t_{p}——封头缠绕层厚度；

　　　　t_{e}——赤道处圆顶厚度。

在两个带宽内的厚度预测结果与实际不太相符,其余预测效果较好。

（4）双公式法。

双公式法在单公式法的基础上考虑了带宽并将封头处的厚度计算分为两部分,以纱束的一倍带宽为界限分别采用两个预测公式(式(2.49))。该方法虽然可以确保极孔处的厚度计算结果不会为无穷大,然而采用该方法时在距离极孔一倍纱宽的位置处会出现厚度曲线曲率不连续现象和厚度峰值。

$$t_f = \begin{cases} \dfrac{R \cdot \cos \alpha_0}{W} \cdot \sqrt{1 + \left(\dfrac{dz}{dr}\right)^2} \cdot \arccos \dfrac{r_0}{r} \cdot t_{f_a}, \quad r_0 < r < r_w \\[4mm] \dfrac{R \cdot \cos \alpha_0}{W} \cdot \sqrt{1 + \left(\dfrac{dz}{dr}\right)^2} \cdot \left[\arcsin \dfrac{r_0 + w/\sqrt{1 + (dz/dr)^2}}{r} - \arcsin \dfrac{r_0}{r}\right] \cdot t_{f_a}, \\[4mm] \quad r_w < r < R \end{cases}$$

(2.49)

（5）三次样条公式法。

封头处距离极孔两倍带宽以内的厚度采用式（2.50）所示的三次样条函数表达式：

$$t_f(r_i) = m_1 \times r_i^0 + m_2 \times r_i^1 + m_3 \times r_i^2 + m_4 \times r_i^3$$

(2.50)

式中　$m_i(i = 1,2,3,4)$——三次样条公式系数，为了求解该系数需要根据边界条件建立微分方程求解。

根据纤维缠绕成型的基本原理，可以得到以下边界条件：

① 极孔位置的纱带数与筒身段相等；

② 距离极孔两倍带宽位置处的厚度等于三次样条公式的函数值；

③ 为了保证封头处曲线的轮廓平滑且连续，两倍带宽处厚度的导数与三次样条公式的导数值相等；

④ 两倍带宽内的纤维体积含量不变。

将上述四个边界条件代入式（2.51）：

$$V_{const} = \int_{r_0}^{r_b} 2\pi r \cdot \frac{m_R \cdot n_R}{\pi} \cdot \arccos(r_0/r) \cdot t_p dr +$$
$$\int_{r_b}^{r_{2b}} 2\pi r \cdot \frac{m_R \cdot n_R}{\pi} \cdot \left[\arccos\left(\frac{r_0}{r_{2b}}\right) - \arccos\left(\frac{r_0 + b}{r_{2b}}\right)\right] \cdot t_p dr$$

(2.51)

式中　t_p——纤维束厚度；

　　　　b——纤维束宽度；

　　　　r_b、r_{2b}——距离极孔一个带宽、两个带宽处半径。

可以得到三次样条公式系数的求解公式：

$$\begin{bmatrix} m_1 \\ m_2 \\ m_3 \\ m_4 \end{bmatrix} = \begin{bmatrix} 1 & r_0 & r_0^2 & r_0^3 \\ 1 & r_{2b} & r_{2b}^2 & r_{2b}^3 \\ 0 & 1 & 2r_{2b} & 3r_{2b}^2 \\ \pi(r_{2b}^2 - r_0^2) & \dfrac{2\pi}{3}(r_{2b}^3 - r_0^3) & \dfrac{\pi}{2}(r_{2b}^4 - r_0^4) & \dfrac{2\pi}{5}(r_{2b}^5 - r_0^5) \end{bmatrix}^{-1} \times$$

$$\begin{bmatrix} t_{\text{R}} \cdot \pi R \cdot \cos \alpha_0 / (m_0 \cdot b) \\ \dfrac{m_{\text{R}} \cdot n_{\text{R}}}{\pi} \cdot \left[\arccos\left(\dfrac{r_0}{r_{2\text{b}}}\right) - \arccos\left(\dfrac{r_0 + b}{r_{2\text{b}}}\right) \right] \cdot t_{\text{p}} \\ \dfrac{m_{\text{R}} \cdot n_{\text{R}}}{\pi} \cdot \left(\dfrac{r_0}{r_{2\text{b}} \times \sqrt{r_{2\text{b}}^2 - r_0^2}} - \dfrac{r_{\text{b}}}{r_{2\text{b}} \sqrt{r_{2\text{b}}^2 - r_{\text{b}}^2}} \right) \cdot t_{\text{p}} \\ V_{\text{const}} \end{bmatrix}$$

针对封头处距离极孔两倍带宽之外的厚度,基于纤维在封头段各位置处的纤维总量与筒身处纤维总量相等的原理,得到两倍带宽以外的厚度预测公式:

$$t(r) = \frac{m_{\text{R}} \cdot n_{\text{R}}}{\pi} \left(\arccos \frac{r_0}{r} - \arccos \frac{r_0 + W}{r} \right) \cdot t_{\text{p}} \tag{2.52}$$

三次样条公式法对封头段距离极孔两倍带宽内的厚度分布采用多项式进行拟合。

分别采用上述方法进行厚度预测与实测值对比,如图 2.24 所示,可以看出三次样条公式与实测值最为接近,由于极孔处在纤维缠绕过程中树脂堆积现象较为严重,因此厚度预测值与实测值有较大误差,其他区域的误差在 5% 以内。

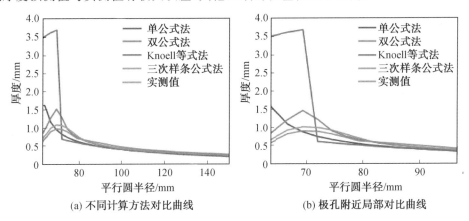

(a) 不同计算方法对比曲线　　　　(b) 极孔附近局部对比曲线

图 2.24　四种厚度预测公式的预测结果与实测对比(彩图见附录)

三次样条公式法将两个带宽内的厚度值以三次样条函数的形式进行表达,使其过渡更加平滑,不会出现过于尖锐的峰点。

从图 2.24 中可以看出在距离极孔的两个带宽内,厚度预测值稍大于实测值,三次样条函数预测曲线比较贴合实际曲线,预测值整体偏大。

图 2.25 所示为西北工业大学关于封头厚度的一种评价方式,可以发现三次样条公式法在两倍带宽内,其厚度最大值会低于纤维缠绕厚度的实际值。

由此可以看出,纤维缠绕厚度的预测根据工况的不同表现应当是有所区别,需要在不同工况下进行表征。

总结一下:自单公式法提出后,由于其在极孔处会出现无穷大值,研究者从不同的

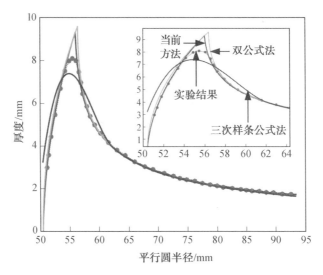

图 2.25　西北工业大学关于封头厚度的一种评价方式

角度对公式进行了完善改进。Stang 通过图解平面缠绕的方式探究了缠绕最大厚度与纤维束宽度的关系,并同时发现厚度最大出现在距离极孔一倍带宽处;Knoell 基于该方式提出了 Knoell 等式法,通过获取不同部位的纤维束层数来表征缠绕厚度,但是在两个带宽内的厚度预测结果与实际不太相符,其余预测效果较好;之后的双公式法在距离极孔一个带宽处的厚度预测不够理想,出现曲率不连续现象和厚度峰值;三次样条公式法则通过函数将距离极孔两个带宽内的纤维缠绕厚度进行计算,使两个带宽内的厚度预测值更加连续、平滑。以上方法均是基于直线假设的纤维缠绕封头厚度预测方式,就其准确率来说,三次样条公式法更加接近纤维缠绕的实际情况。

(6) 西北工业大学线相交求解法。

西北工业大学 Guo 等通过将纤维中心线采用测地线偏移的方式获取纤维束的边界点,构造纤维束的实际缠绕轨迹,如图 2.26 所示,并在极坐标中,将参考线和边界线之间的交叉点之间的线段增加了一个带厚度,圆顶厚度沿多条参考线的分布,最终通过求解厚度的均值完成封头厚度的预测(先通过离散计算层数,再进行厚度表征),整个过程如图 2.27 所示。

此种方式将实际的纤维缠绕轨迹考虑其中,使结果更具准确性。图 2.28(a) 为15 条纤维分布,图 2.28(b) 为 1 条纤维分布。但是,通过图 2.27 可以看出其不同参考线带来的轨迹是有所区别的,且从图 2.28(b) 可以看出线条的连续性并不理想,在接近筒身封头过渡处,纤维束的厚度不断跳跃,这应当是数据离散化的结果。其对每一条参考线进行离散操作,即每一条参考线均由一系列离散的点组成,这样便于后续计算每一个点处的厚度值。同时,该方式将厚度进行均值处理,便于压力容器的建模,但是,缠绕轨迹自身带来的缠绕不均匀性并未进行考虑(从 15 条纤维分布情况可看出,

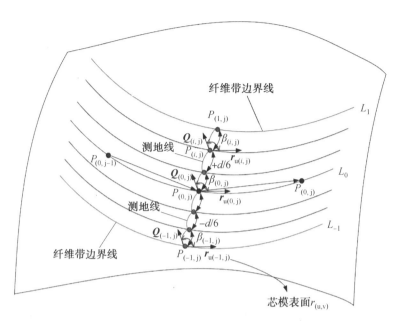

图 2.26　线相交求解法（椭球顶上的测地线偏移）

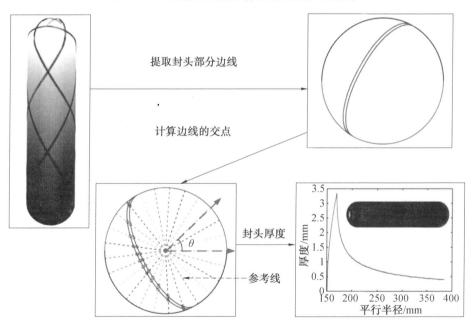

图 2.27　纤维缠绕圆顶厚度预测流程

不同角度的缠绕厚度在平行圆上应有所区别）。

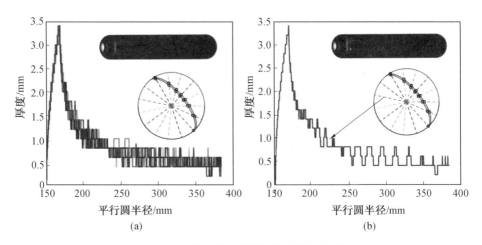

图 2.28   封头厚度预测结果(彩图见附录)

综上,国内外学者针对复合材料压力容器厚度变化的过程进行了大量研究,提出了多种纤维缠绕厚度预测方法,并通过实验验证预测方式的精度。其中,以直线假设为基础的研究较多,并同时考虑了纤维前层堆积、可能出现的纤维架空等问题,但是考虑实际纤维缠绕过程的研究则较少并且所建立的预测方式并未考虑到纤维滑移、纤维展开效果等因素的影响。另外,大多数厚度预测方式并未考虑纤维缠绕在封头处同一平行圆半径处可能出现的凹凸性,这并不利于建立更加符合真实缠绕状况的有限元模型。

第 3 章

纤维缠绕装备

3.1　引　言

　　纤维缠绕复合材料是一种多相材料,纤维作为分散相,树脂基体作为分散介质,它们互不溶混而构成一个结构。在纤维和树脂基体之间还存在着第三相 —— 纤维／基体界面。纤维作为增强材料,可赋予复合材料以高强度、高模量等力学性能。树脂基体的作用是将其固有属性如耐候性、耐腐蚀性、阻燃性、耐热性、耐寒性、电性能赋予纤维增强材料,并将纤维黏结在一起(起固定纤维的作用),在纤维间起到传递力的作用(以剪切力的形式向纤维传递载荷),保护纤维免受外界环境的损伤。可用于纤维缠绕的树脂从大类上可以分为两类:热固性树脂和热塑性树脂。热固性树脂由主体树脂和固化剂及助剂(如稀释剂、增韧剂、填料等)按照一定比例组成,通常有环氧树脂、氰酸酯树脂、聚酯树脂、乙烯基酯树脂、酚醛树脂及其他改性树脂。热塑性树脂具有受热软化、冷却硬化的性能,而且不起化学反应,无论加热和冷却重复进行多少次,均能保持这种性能。它包括全部聚合树脂和部分缩合树脂,其分子结构通常为线型。热塑性树脂韧性好、损伤容限大、介电常数良好,同时储存期不受限制、不需低温储存、成型不需要热压罐等大型专用设备,尤其是它具有良好的可循环性、可回收、可重复利用和不污染环境的特性,符合当今材料环保的发展方向。在航天产品上应用的先进树脂基复合材料中,树脂基体为热塑性树脂的主要有:聚酰胺(PA,俗称尼龙)、聚醚醚酮(PEEK)、聚苯硫醚(PPS)、聚酰亚胺(PI)、聚醚酰亚胺(PAI)等。

纤维缠绕技术是树脂基复合材料制造技术之一,是将连续浸渍过树脂的纤维按照一定规律绕在芯模或内衬上,然后在室温或加温加压固化而制造复合材料制品的方法。纤维缠绕装备(又称纤维缠绕机)是实现纤维缠绕运动的装备或机构,纤维缠绕工艺与技术的发展,离不开纤维缠绕装备。换句话说,制品的设计意图和性能需要通过缠绕装备来实现。

　　纤维缠绕装备有多种不同的实现形式。但无论其采用哪种形式,都要通过机械或数字控制等形式实现前面介绍的缠绕线型或数学模型。另外,随着纤维增强复合材料应用领域的拓展,纤维缠绕制品已不局限于常规的管、罐、压力容器等轴对称零件,有些异形构件如三通管、叶片、环形气瓶等零件的缠绕也成为可能,由此衍生出了各种类型的专用缠绕装备。无论何种缠绕装备,一般都包括机械系统、电气系统、软件系统、张力系统、浸胶系统,以及其他辅助系统。

　　目前,国外知名的缠绕装备制造商主要有美国的 Entec 公司、McClean Anderson 公司,德国的 Roth 公司,马其顿的 MikroSam 公司等;国内许多高校如哈尔滨工业大学、武汉理工大学、合肥工业大学等对纤维缠绕工艺和装备开展了相关研究,随着我国复合材料在民用领域(特别是 Ⅳ 型储氢气瓶)的需求增加,许多民营企业也研发生产了纤维缠绕装备。

　　按控制形式缠绕机可分为机械式缠绕机、数字控制缠绕机、微机控制缠绕机、机器人式数控缠绕机,这实际上也是缠绕机发展的四个阶段。目前用于航天系统的主要是数字控制缠绕机,简称数控纤维缠绕机。

　　纤维缠绕机通常由机身、传动系统、控制系统、工艺系统等几部分组成。工艺系统又包括浸胶装置、张力测控系统、纱架、芯模加热器、预浸纱加热器及固化设备等。

3.2　纤维缠绕装备的自由度及组成

　　根据机械原理,自由度是机构具有确定运动时所必须给定的独立运动参数的数目。车削由车刀与工件的相对运动来实现车削形貌(减材),而纤维缠绕工艺,一般情况下出纱嘴不与芯模接触,出纱点和落纱点之间存在一段悬纱,纱线按照设计的轨迹覆盖到芯模表面(增材)。实现最简单的缠绕线型 —— 圆筒段的螺旋缠绕、环向缠绕,只需要两个自由度,即芯模的旋转与出纱嘴的直线往复运动。但对于缠绕制品来说,除了圆柱部分,一般还要有封头,封头上的线型轨迹为空间曲线,理论上讲两个自由度也可以实现该线型轨迹,但装备的运动范围将远远大于芯模的长度。增加一个垂直于芯模轴线方向的自由度,可以大大缩短超程,提高装备的运行效率。另外,为了保证纤维能够展平以后再铺设到芯模表面上,还需要增加出纱嘴转动、偏航自由度。图2.20所示为通用型六自由度(又称六轴)纤维缠绕装备的运动示意图。在工程上,可以根据缠绕需求,选择 Z、C 两个自由度;X、Z、C 三个自由度;X、Z、A、C 四个自由度;X、Z、A、B、C 五个自由度;X、Y、Z、A、B、C 六个自由度。图 3.1 所示为哈尔滨工业大学研制的已在航天应用的六轴数控纤维缠绕装备。如果利用工业机器人作为执行器来实现纤维缠绕工艺,则该装备最少包含七个自由度。

图 3.1　哈尔滨工业大学研制的已在航天应用的六轴数控纤维缠绕装备

偏航自由度的作用是增加偏航自由度,实现封头处纤维展开。带绕丝嘴偏航的五坐标纤维缠绕是纤维缠绕领域的一大难点。增加偏航坐标使得纤维缠绕设备的运动复杂度大大增加,带来了非干涉纤维导纱路径设计、各坐标运动分解设计、运动部件电缆走线设计等难题。但增加了偏航坐标的五坐标缠绕,相对于四坐标缠绕,可以保证纤维落纱时,纤维面始终与芯模法线方向垂直,以实现最佳的展纱效果。五坐标压力容器缠绕时,在封头段可以取得与筒身段相同的展纱效果,对于减小极孔处的堆积具有明显的效果。图 3.2 所示为四坐标缠绕与五坐标缠绕在极孔处的展纱效果图(利用

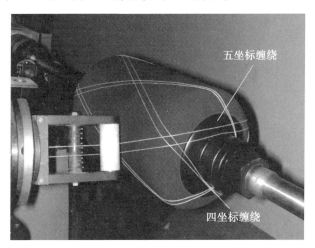

图 3.2　四坐标缠绕与五坐标缠绕在极孔处的展纱效果图

两根线来表达带宽)。目前国内的相关机构如哈尔滨工业大学已经完全掌握了五坐标缠绕的全套技术,解决了五坐标缠绕时的各项难题,并且该技术已经在航天部门获得工程应用。图3.3所示为五坐标缠绕压力容器的过程。由于偏航会导致纤维的折弯,所以一般情况下通过软件将偏航的角度限制在±45°范围。

图 3.3　五坐标缠绕压力容器的过程

随着计算机技术、信息技术的发展,目前的纤维缠绕装备一般都是计算机控制的数控装备。纤维缠绕装备通过计算机数控装置的插补指令来协调控制各个自由度或各个坐标轴的运动。纤维缠绕装备的组成如图3.4所示。

图 3.4　纤维缠绕装备的组成

3.3　纤维缠绕装备的机械形式

实现纤维缠绕所需的运动,可以有多种实现形式。尽管纤维缠绕装备的机械布局形式各种各样,但不管哪种布局或实现形式(芯模转动或者出纱嘴转动),都必须有芯模的支撑机构。按照芯模是卧式(轴线水平或近似水平)还是立式(轴线竖直或近似竖直)布局,纤维缠绕装备可以分为两大类:卧式布局纤维缠绕装备、立式布局纤维缠绕装备。

3.3.1　卧式布局纤维缠绕装备

（1）卧式车床式纤维缠绕装备。

该类纤维缠绕装备的布局形式与传统的卧式车床类似。芯模由水平布置的主轴带动。主轴箱、尾座在同一条导轨上，用于装夹工件并带动工件旋转（C 轴），其中主轴箱固定，尾座可以沿导轨移动以适应不同长度规格的工件，如图3.5所示。图3.6所示为三条平行床身布局的卧式车床式纤维缠绕装备传动系统、控制系统示意图。

该种布局形式的优点是可以实现大型、超大型模具的拖动。欧洲的 P120C 固体火箭发动机的缠绕装备即采用该种布局形式。

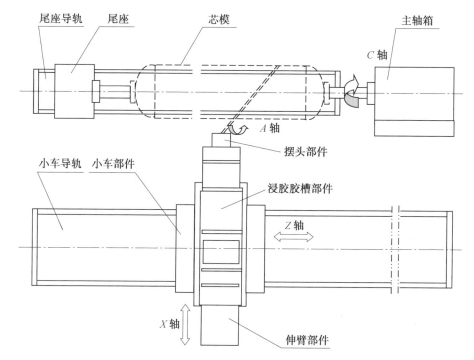

图 3.5　三条平行床身布局的卧式车床式纤维缠绕装备布局形式

（2）龙门式纤维缠绕装备。

龙门式纤维缠绕装备（图3.7）是另外一种重要的卧式纤维缠绕装备布局形式。除了纱架的运动外，所有的缠绕运动集中在龙门架上，主轴可以采用多个同步主轴，实现多个模具的同时装夹和缠绕成型，提高生产效率。该种布局占地面积相对较小，方便实现多主轴拖动，生产效率较高，成本较低。中小型发动机壳体、压力容器、储氢气瓶的纤维装备一般采用此种布局形式。

（3）桌面式（微小型）纤维缠绕装备。

桌面式纤维缠绕装备属于微小型纤维缠绕机，可以应用于小型火箭和飞行器的燃

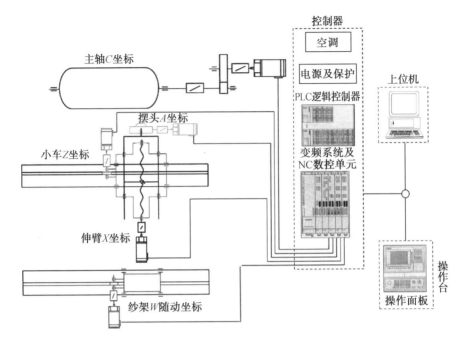

图 3.6　三条平行床身布局的卧式车床式纤维缠绕装备传动系统、控制系统示意图

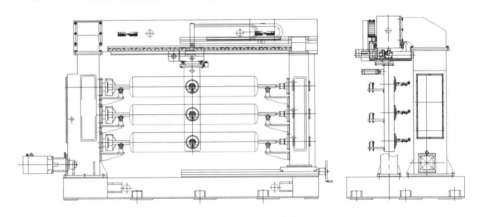

图 3.7　龙门式纤维缠绕装备布局示意图

料容器或缩比件的缠绕成型,或者作为高等学校的实验教学仪器。该类型的纤维缠绕装备具有占地面积小、设备成本低的优势,其部件组成、运动自由度数与常规卧式纤维缠绕装备相同。美国 X — Winder LLC 公司开发了桌面式纤维缠绕机,如图 3.8 所示。哈尔滨工业大学为航天院所和国内高校开发了桌面式纤维缠绕机,如图 3.9 所示。

图 3.8　美国 X－Winder LLC 公司开发的桌面式纤维缠绕机

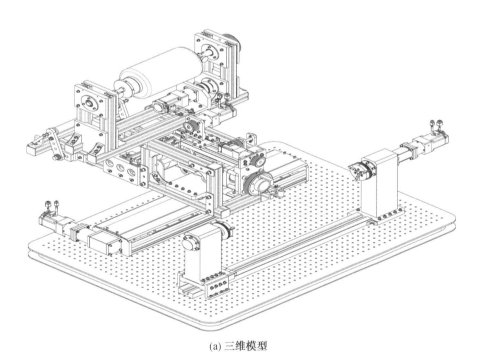

(a) 三维模型

图 3.9　哈尔滨工业大学研制的桌面式纤维缠绕机

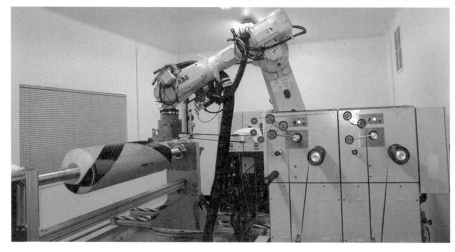

(b) 工程样机

续图 3.9

（4）工业机械臂式。

六自由度工业机器人近年来在工业领域的制造产线如汽车、白色家电等得到了广泛应用。作为一种具有六个自由度的通用执行机构,同样也可以用于纤维缠绕运动的实现,只不过要增加一个带动芯模旋转的回转坐标,有时又称为变位机。

工业机器人作为执行机构具有运动自由度多,方便连接各种缠绕头,实现不同的特殊需求的优势。英国 Cygnet Texkimp 公司利用工业机器人加上干法缠绕头（图3.10）与 3D 缠绕头,实现了干法缠绕成型与 3D 缠绕成型。其 3D winder 如图 3.11 所示,工业机器人带动一个安装有多团纤维的回转缠绕头,芯模静止,由回转缠绕头与机

图 3.10　英国 Cygnet Texkimp 公司的机器人干法缠绕装备

器人运动坐标的协调运动来实现复杂变截面型面的缠绕,如叶片、飞行器机身、压力容器、防撞梁等复合材料构件。相对于单出纱嘴,多出纱嘴提高了缠绕效率,最快的缠绕效率是 1 kg/min。

图 3.11　英国 Cygnet Texkimp 公司的 3D winder

　　法国 Coriolis 集团旗下的 MFTech 公司是以机器人缠绕著称的一家高科技公司,其开发了各种类型的机器人缠绕装备:① 替代机床式纤维缠绕装备的机器人纤维缠绕装备,除了机器人本身的 6 个自由度外,还扩展了主轴回转与绕丝嘴回转两个自由度,如图 3.12 所示;② 工业机器人带动芯模回转与直线运动,配合固定的绕丝嘴来实现缠绕成型运动,如图 3.13 所示;③ 对于超长的芯模,采用移动平台带动机器人运动

图 3.12　MFTech 公司机器人多工位缠绕装备

或者由移动平台带动芯模支撑机构运动。

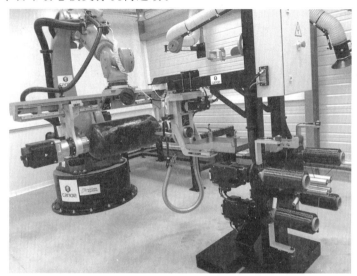

图 3.13　MFTech 公司的机器人带动模具旋转缠绕装备

国内哈尔滨工业大学、哈尔滨理工大学等高校或机构开发出了机器人纤维缠绕装备。图 3.14 所示为哈尔滨工业大学为某部门开发的机器人纤维缠绕装备,该设备除了工业机械臂的 6 个运动坐标以外,还包含主轴旋转、出纱嘴转动、机器人小车平动等 3 个运动坐标,共 9 个运动坐标。

图 3.14　哈尔滨工业大学开发的机器人移动式缠绕装备

(5) 行星式(tumble machine)。

传动系统中采用了三轴同心行星原理,如图 3.15 所示。在进行纤维缠绕时,芯轴兼作自转和公转运动,此即"行星式"名称的由来。公转轴线与芯模或内衬的中心线相交,并垂直于纤维迹线。芯轴倾斜一缠绕角 α,若做平面缠绕,则芯轴的公转是主运动,自转是进给运动。 公转一周,芯轴自转与一纱宽相应的角度。自转和公转分别控制,可以实现螺旋缠绕。该种类型的缠绕装备适合生产小型制品。

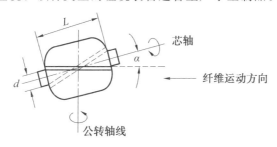

图 3.15　行星式纤维缠绕装置原理

（6）数控布带缠绕机。

数控布带缠绕机是用碳 / 酚醛、高硅氧 / 酚醛等预浸带缠绕固体火箭发动机喷管、导弹鼻锥、发射筒及飞行器防热零部件等的专用设备。缠绕时对预浸带施加一定的张力,在落纱点附近加热预浸带,并用压辊以恒定压力将预浸带滚压到模具上。数控布带缠绕机用于母线为直线的回转体、母线为曲线的回转体及其组合体的预浸带缠绕成型。可通过特定的机械运动和控制,将已经浸过树脂胶液的耐烧蚀绝热织物的预浸带,按照所要求的线型规律缠绕至芯模表面,包括平叠缠绕、斜叠缠绕和平行缠绕。为了保证制品质量,数控布带缠绕机可对缠绕张力、压辊压力、预浸带紧铺放速率、压辊温度等进行闭环控制。数控布带缠绕机由数控机床和缠绕装置两大部分组成。

数控机床部分包括机械主体和数控系统（五轴四联动）。装备为卧式,单工位,主轴、尾座床身与缠绕小车床身采用一体化结构。相对于分离式床身结构（主轴、小车床身分离）或简单刚性连接（主轴、小车床身分离,通过螺栓或其他连接件进行固连）,此种结构形式具有刚度高、几何精度高、长期精度保持性好、安装调试方便等优点。机械主体包含主副导轨、床头箱、尾座等。床头箱和尾座用于装夹工件,带动工件旋转（C轴）,并且尾座可以沿导轨移动以适应不同长度规格的工件。

缠绕装置部分包括缠绕小车机械部分、控制系统及数据监控系统。横向运动伸臂（X 轴）、热压辊旋转（A 轴）、缠绕头水平摆动（B 轴）部件均安置于一纵向运动小车（Z 轴）上。控制系统及数据监控系统功能包括缠绕过程的预浸带张力控制机构、热风机构、压辊机构、预浸带纠偏机构、揭膜机构、线速度控制机构、数据采集系统等。

装备的总体布局图,如图 3.16、图 3.17 所示。

装备为五轴四联动控制:主轴旋转（C 轴）、缠绕小车纵向往复运动（Z 轴）、横向进给系统控制（X 轴）、小车水平摆动角度（B 轴）、热压辊旋转（A 轴）控制。

带小车水平摆动角度（B 轴,偏航）的预浸带斜缠是缠绕领域的一大难点。增加 B

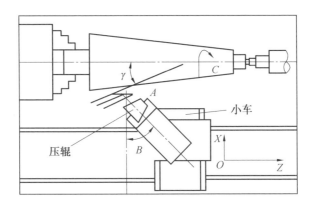

图 3.16   装备总体布局示意图

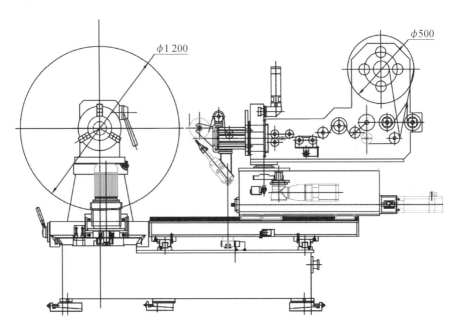

图 3.17   装备总体方案右视图

坐标使得纤维缠绕设备的运动复杂度大大增加,带来了非干涉导纱路径设计、各坐标运动分解设计、运动部件电缆走线设计等难题。但增加偏航坐标可以保证预浸带斜缠时,热压圆锥辊与圆锥形工件为纯滚动,以实现最佳的铺带效果。

(7)异形构件专用纤维缠绕装备。

纤维缠绕一般适用于轴对称的回转体构件的缠绕成型,如管道、压力容器、壳体等。在一些特殊的应用场合,还会用到一些特殊的管件,如弯管、T形管等。针对中心角小于或等于 90° 的弯管,理论上可以用三坐标或四坐标通用缠绕机进行缠绕。而对于T形管,理论上需要带升降坐标的五坐标或六坐标联动的通用缠绕装备才能实现缠绕,但会造成纤维打捻的问题。为了解决这个问题,可以设计专门的缠绕机或专门的缠绕头。

　　哈尔滨工业大学利用工业机器人加上特殊设计的缠绕头,用于 T 形管的缠绕成型,如图 3.18、图 3.19 所示。该缠绕头的纤维纱团或料卷可以与绕丝嘴同步旋转,这样就有效避免了缠绕支管时的纤维加捻问题。图 3.20 所示为机器缠绕装备进行 T 形管缠绕的过程。

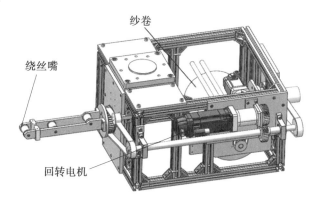

图 3.18　T 形管专用缠绕头

图 3.19　哈尔滨工业大学开发的 T 形管机器人缠绕装备

图 3.20　T形管缠绕过程

　　针对 T 形管的缠绕还有其他的设备运动形式。图 3.21 所示为哈尔滨工业大学提出的双转台式 T 形管专用缠绕装备的示意图,该装备缠绕伸臂采用竖直布置,使用回转台的第二回转坐标实现主管的纤维缠绕,在直管竖直向上的姿态下,使用回转台的第一回转坐标(底座回转)来完成支管的纤维缠绕。图 3.22 所示为国外类似原理的缠绕装备,只不过两个转台回转坐标放到了桁架上,缠绕伸臂采用了水平布置。

图 3.21　双转台式 T 形管专用缠绕装备示意图

图 3.22　国外双转台式 T 形管专业缠绕装备

3.3.2　立式布局纤维缠绕装备

（1）立式纤维缠绕装备。

该类装备可以理解为把卧式纤维缠绕装备旋转 $90°$ 后的布局。芯模竖直放置可以避免芯模自重导致的挠曲变形。图 3.23 所示为美国 Anderson 公司 VALCUN 系列立式纤维缠绕装备。该缠绕装备为四轴联动数控缠绕机，芯模竖直放置由地面转台带动回转，缠绕伸臂可以实现沿着两个立柱上下运动、垂直于芯模的前后运动，从而实现芯模的螺旋缠绕成型和环向缠绕成型。

图 3.23　美国 Anderson 公司 VALCUN 系列立式纤维缠绕装备

（2）绕臂式立式纤维缠绕装备。

该类型缠绕机适合实现平面缠绕，其运动特点为绕臂（出纱嘴装在绕臂上）围绕模具做匀速旋转运动,芯模绕着自身轴线做慢速连续转动,绕臂每转一周,芯模转过一个对应纱带宽度的小角度,这样可以实现纱带紧挨着布满芯模,如图 3.24 所示。当芯模快速旋转,绕丝嘴沿着垂直于地面方向缓慢上下移动时,即可实现芯模的环向缠绕。绕臂式立式纤维缠绕装备在进行纤维缠绕时,芯模自重变形小,机构运动平稳且排线均匀,适用于短粗型容器的缠绕成型。该缠绕装备的运动结构和控制系统均相对简单。

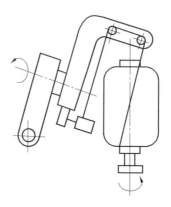

图 3.24　绕臂式立式纤维缠绕装备示意图

对绕臂式立式纤维缠绕装备进行适当改进,即可实现球形压力容器的缠绕成型,如图 3.25 所示。该设备有四个运动轴:绕丝嘴转动、芯模转动、芯模偏摆运动、绕丝嘴步进运动。芯模转动和绕丝嘴转动使纤维布满球体表面。芯模偏转运动可以改变缠绕极孔尺寸和调节缠绕角,满足制品受力要求。绕丝嘴步进运动可以减少极孔处纤维堆积,提高壁厚均匀性。

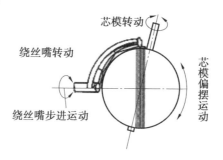

图 3.25　球形压力容器的缠绕成型

（3）滚转式纤维缠绕装备。

该类型缠绕机最早来源于一个美国专利,如图 3.26 所示,可以看作是绕臂式立式纤维缠绕装备的一种变形,其特点是芯模装在一个旋转工作台的悬轴上,芯模绕自身轴线做慢速旋转,旋转工作台带着芯模公转。翻转一周,芯模自转与纱带宽度相对应的角度。芯模可以一端或两端固定,由旋转工作台带动芯模滚转,纤维由伸臂来供给,可以实现平面缠绕。环向缠绕需要增加附加装置来实现。其缺点是:由于既要实现自转又要实现公转,传动结构比较复杂;机构刚度有限,适宜于中小型芯模的缠绕成型,不适于大型、重型芯模的缠绕。图 3.27、图 3.28 所示为哈尔滨工业大学开发的滚转式纤维缠绕装备的三维模型图和实物图。

图 3.26　滚转式纤维缠绕装备专利

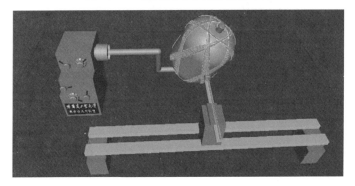

图 3.27　哈尔滨工业大学开发的滚转式纤维缠绕装备三维模型图

图 3.28　哈尔滨工业大学开发的滚转式纤维缠绕装备实物图

3.4　纤维缠绕装备的工艺系统

纤维缠绕是制备树脂基复合材料的一种常用的复合材料自动化成型工艺方法。目前常用的树脂类型为热固性树脂,按照工艺特点可以分为湿法缠绕成型工艺(缠绕过程中连续纤维浸渍树脂后缠绕到模具上)、干法缠绕成型工艺(提前预浸形成预浸料,缠绕过程中将预浸料缠绕到模具上)及半干法缠绕成型工艺(与湿法相比,增加了烘干程序)。三种缠绕工艺方法的特点如表 3.1 所示。

表 3.1　三种缠绕工艺方法的对比

特点	湿法	干法	半干法
工作环境	最差	最好	几乎与干法相同
增强材料规格	任何规格	要求较高,不是所有规格都能用	任何规格
使用碳纤维可能引发问题的风险	导致缠绕装备及周边装备故障的风险较大	风险较小	风险较小
树脂含量精确控制	最困难	最好	较好
材料存储条件	不存在储存问题	对于热固性预浸料,必须冷藏	类似于干法
纤维损伤	损伤机会最少	取决于预浸装置,损伤可能性大	损伤机会较少

续表3.1

特点	湿法	干法	半干法
产品质量保证	需要严格的质量控制规程	有一定优势	与干法类似
制造成本	最低	最高	略高于湿法
室温固化可能性	可能	不可能	可能
应用领域	广泛应用	航空航天等对价格不敏感的领域	类似于干法

3.4.1　张力控制系统

在纤维缠绕过程中,纤维所受的张紧力称为缠绕张力,是缠绕工艺的重要参数。张力大小、各束纤维间张力的均匀性及各缠绕层之间缠绕张力的均匀性对制品质量影响极大。张力对制品机械性能、密实程度、含胶量等都有影响。

(1) 机械性能。

纤维在复合材料中的破坏应力低于单向试件或丝束实验的破坏应力,纤维强度有一定的损失,除了与纤维本身的性质有关,其中,缠绕过程中纤维的损伤、复合材料中孔隙及复杂的应力状态等工艺因素对纤维强度的实际发挥系数都有较大的影响。在进行纤维增强缠绕壳体的设计时,首先应确定纤维的强度 σ_{fb},由复丝强度乘以纤维强度发挥系数 k(亦称纤维强度转换率),对于玻璃纤维一般有 $k = 0.75 \sim 0.85$,对于有机纤维有 $k = 0.6 \sim 0.7$。碳纤维保守地取纤维强度发挥系数0.65。纤维缠绕制品的强度和疲劳性能与缠绕张力有着密切的关系。张力还会影响纤维强度的发挥系数。张力过小,制品强度偏低;张力过大使其强度损失增大,制品强度下降。纤维缠绕内压容器在承压后,由于应力集中,开裂一般都在垂直纤维方向的树脂基体开始。缠绕张力可使纤维间的树脂产生预应力,从而提高了垂直于纤维方向的树脂基体的拉伸强度。

纤维之间张力的均匀性对制品性能影响很大。各纤维束所受张力的不均匀性越大,制品强度越低。

为了使制品各缠绕层不出现内紧外松现象,应使张力逐层有规律地递减,以使内、外各层纤维的初始应力状态相同。

(2) 密实程度。

纤维缠绕张力将产生垂直于芯模表面的法向力,使制品致密的成型压力与缠绕张力成正比。而且制品孔隙率(影响制品性能的重要因素)随缠绕张力而变化,张力增大,孔隙率降低。

(3) 含胶量。

缠绕张力对纤维浸渍质量、制品含胶量及均匀性影响非常大。湿法缠绕时,由于缠绕张力的径向分量的作用,胶液将由内层被挤向外层,因此胶液含量沿壁厚不均匀。采用分层固化或预浸料干法缠绕可减轻或避免张力对含胶量的影响。

1. 张力制度(逐层递减)

纤维是连续地、一层一层地缠绕到模具上去的。在纤维张力的作用下,后缠绕上去的纤维层会对先缠绕上去的纤维层产生径向压力,迫使其径向产生压缩变形,从而使内层纤维变松。如果采用恒定的缠绕张力,将会导致纤维层呈现内松外紧的状态,内外层纤维的初应力会产生很大的差异,导致纤维不能同时承载,从而大大降低制品强度和疲劳特性。因此,需要采用逐层递减的张力制度,尽量使从内到外的缠绕层具有相同的初应力。

关于张力递减的张力制度,有相关文献已经根据等张力的原则进行了理论推导,但往往针对特定材料的模具。例如,对于固体火箭发动机壳体缠绕成型常用的砂芯模、金属可拆卸芯模,理论上讲应该采用不同的张力制度;对于航天气瓶采用不同材料的内衬,也需要设计不同的张力制度。理论计算或有限元仿真往往与实验结果有一定差距,还需要根据实验或工程经验进行适当的矫正。

工程上,大尺寸碳纤维复合材料压力容器逐层递减的张力制度在使用时较麻烦,通常采用 2 ~ 3 层递减一次,递减幅度等于逐层递减几层的总和。张力制度的确定使复合材料结构层内部张力协调均匀,最大化地发挥纤维效率。无论如何,张力制度需要遵循以下原则:① 施加的缠绕张力使模具或内衬的预应力不应超过某一极限;② 施加的缠绕张力应该力争使各层纤维的预应力相等,即各缠绕层纤维在等张力下工作。

哈尔滨理工大学许家忠教授团队研究了热芯缠绕工艺(蒸汽按照一定的固化制度进入芯模内腔进行加热,实现从内而外逐层固化),并提出一种考虑复合材料固化因素影响的张力制度计算方法。该方法考虑缠绕过程中温度变化引起的热应力、树脂固化反应引起的收缩应力及各参数变化等因素,得出了缠绕张力与温度、缠绕层数及预应力之间的关系式,以每层预应力相等为原则对缠绕张力制度进行重新设计。

2. 张力器的分类

对于连续纤维,目前常用以下三种方式产生张力。第一种是在缠绕过程中,在缠绕材料的表面设置摩擦辊或皮带,如图 3.29(a) 所示,由于收卷辊的旋转收线,摩擦辊或皮带与缠绕材料之间必然产生摩擦力,摩擦辊与收卷辊之间的缠绕材料也即形成张力。在这种类型中,缠绕材料的张力不随卷辊或纱团的半径变化而变化,整个系统结构较简单。但由于摩擦辊对缠绕材料表面有正压力和摩擦力,因而对有些材料不适用。第二种产生张力的方法是对开卷辊施加阻力矩,也就是开卷辊放线时,在卷辊的中心轴上设置可产生阻力矩的装置,如图 3.29(b) 所示。这种类型中,如阻力矩保持不变,缠绕张力就会随卷辊半径的变化而变化,这种现象使张力控制变得更加复杂,但这种方式适用范围较广泛,数控纤维缠绕机的张力控制系统多采用这种方式。第三种产生张力的方式是利用送线速度和收线速度之差,如图 3.29(c) 所示。当送线速度小于收线速度时,缠绕材料的张力就会产生,并且速差越大产生的张力越大。这样可以通过调整收线速度或送线速度来调节张力。

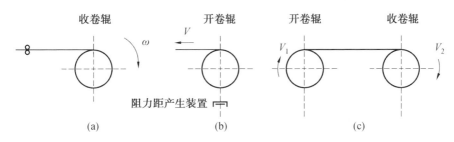

图 3.29　产生纤维缠绕张力的基本原理

基于以上张力产生的原理,可以设计不同的张力实现装置,总体可分为机械式张力器、机电式张力器。

(1) 机械式张力器。

机械式张力器通过机构改变摩擦阻力或与悬挂重物平衡等方式来实现张力调节。如早期的补偿张力控制器(compensative tension controller,CTC),这是一种力平衡式自动补偿张力器,如图 3.30 所示,其制动阻力矩是靠刹车带与制动轮的摩擦产生,制动阻力矩的调节由调节刹车弹簧的变形量来实现。若原来力矩为 M_0,则张力 $T_i = M_0/R_i$,当纱团卷经 R_i 减小使纱线张力 T_i 增大时,刹车弹簧的拉伸变形将会由于曲柄顺时针方向的转动而减少,使张力矩减小,从而一定程度上补偿了由于纱团直径变化导致的张力变化。机械式张力器的优点是结构简单,制造容易;缺点主要是张力值不能自动设置,张力控制精度低,回纱能力差。图 3.31 所示为哈尔滨工业大学改进后的机械式张力器,该张力器具有一定的适应性,防止纤维张力发生较大的波动。

(2) 机电式张力器。

机电式张力器(图 3.32)一般以计算机、单片机、PLC 等作为控制器,张力施加的形式又可分为直接施加式和间接施加式。直接施加式张力器通常使用称重或力传感器(应变式居多)实时检测纱线张力,然后反馈给控制器将纤维张力设定值与反馈值比较、校正后,输出控制信号,经放大后驱动执行器件(控制阻滞力、阻尼或出纱速度),如伺服电机、电磁离合器、电磁制动器、磁阻尼器、气动制动器等,使张力保持在一定范围内。这种张力器的回纱能力强,可自动调节张力,控制精度比机械式张力器有所提高。但由于直接接收传感器的信号,容易受到外界环境的干扰,纤维张力容易产生波动,系统稳定性欠佳。

间接施加式张力器一般不直接接收张力传感器的反馈,通过跳辊来反馈张力的变

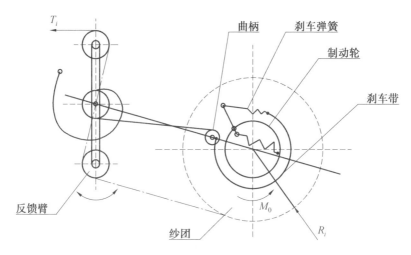

图 3.30　机械式张力器原理

图 3.31　哈尔滨工业大学开发的机械式张力器实物

化,张力与跳辊相平衡,进而控制出纱速度来形成张力,当张力小于设定值时也可以反转收纱。跳辊常与低摩擦气缸、回转气缸等控制类气动元器件连接,改变气缸的压力,就可以调节系统的张力大小。以气动或阻尼元件连接的跳辊作为反馈,相当于增加了系统的阻尼,系统稳定性大大提升。

　　哈尔滨工业大学针对湿法缠绕,开发了两级张力控制的控制模式。在纱箱处采用气电结合的电子伺服式放纱系统,纱线浸完胶后,再通过由磁粉制动器控制输出的欧米伽轮张力机构,来实现浸完胶后绕丝嘴处最终张力的控制,能实时控制并显示合股纱的总张力。这种控制方式的优点如下:① 浸胶前施加小张力可以降低纤维的磨损,

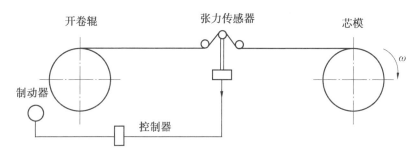

图 3.32　机电式张力器原理

最大限度地发挥纤维的强度;② 浸胶前施加小张力,可提高纤维浸渍的质量;③ 实现对绕丝嘴处最终张力的精确控制,提高了张力控制精度。

① 第一级张力控制。第一级张力控制采用气电结合的电子伺服式张力控制系统,由伺服电机、快速反应气缸、平衡摆臂、角度传感器构成闭环。当张力发生波动时,摆臂角度发生变化,通过 PID(比例－积分－微分) 调节,控制力矩伺服电机向相反的趋势变化,重新建立起纱线张力的平衡关系。该方案具有控制精度高、反应灵敏、稳定、可回纱、各束丝独立控制等优点。气电闭环张力控制系统如图 3.33 所示。

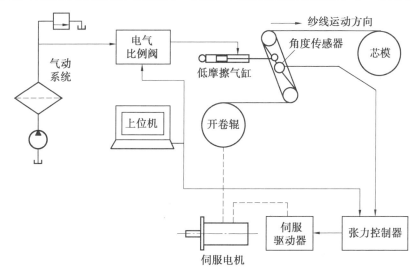

图 3.33　气电闭环张力控制系统

该系统的功能与特点如下:

a. 采用气电闭环控制张力器,张力能自动检测调节,同时能够显示每团纱的设定值及实时张力值,并能对纱团直径及出纱速度变化引起的张力波动进行有效补偿,同时对由小车换向等引起的张力波动,由自动收纱装置进行有效补偿。

b. 气电闭环,实时反馈闭环控制,反应快速,具有半径、速度变化自动补偿功能。

c. 采用额定转速 3 000 r/min 的伺服电机,可保证抽纱速度在 90 m/min 以上。

d. 在缠绕过程中,可按设定要求自动改变张力大小,实现张力递减控制。

e. 可对断纱、缠辊等故障发出声音报警,有自动停机功能,并实现断点记录。

f. 每个纱团具有独立控制,使用时可根据需要进行任意组合,接入张力测控系统。

② 第二级张力控制。出纱处浸完胶后的纱带,通过欧米伽轮实现第二级的张力控制。张力传感器一般选用精度高、零漂小、标定方便的传感器。张力传感器的输入作为反馈,采用磁粉制动器组成的欧米伽轮作为施力部件,实现闭环控制。其最大的优点在于,所控制的张力为最终出纱处的张力,即缠绕到模具上的纤维张力。欧米伽轮张力控制系统结构如图 3.34 所示。

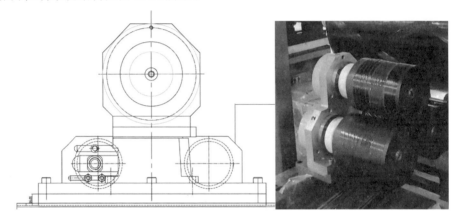

图 3.34　欧米伽轮张力控制系统结构

其张力控制的原理如下:在中间大轮后端装有磁粉制动器,在接近绕丝嘴的前端安装有张力传感器(位于挑纱装置之后,出纱嘴之前),当张力传感器检测到张力偏离设定值时,张力控制器会改变磁粉制动器的制动阻力,从而达到控制张力的目的。此张力控制系统具有结构紧凑、张力控制精度高等优点,与第一级放纱张力控制系统配合使用,可以达到最佳的张力控制效果。为了保证纤维在三个阻尼轮上的包角相等,三个轮不能呈等腰三角形摆放。

从设备纱箱到绕丝嘴处的纤维走线图如图 3.35 所示。

纤维缠绕成型压力容器时,在封头处由于纱线长度的变化会有张力的波动。因此,对张力的控制精度要求一般是指在环绕稳定出纱时,例如:

a. 在出纱恒速下,单股纱张力 $\leqslant$ 20 N 时波动范围为 $\pm$1 N;

b. 在出纱恒速下,单股纱张力 $>$ 20 N 时波动范围为 $\pm$5%。

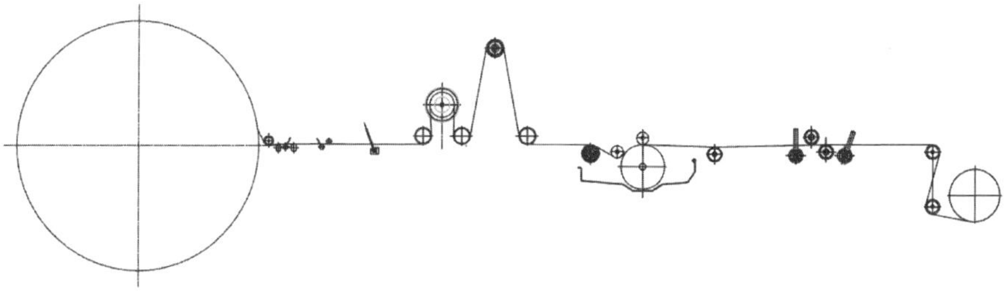

图 3.35　纤维走线图(从纱箱至绕丝嘴)

3.4.2　温度控制系统

纤维缠绕装备上的温度控制系统一般是指湿法缠绕的胶液温度控制系统、干法缠绕的预浸带加热系统、干法缠绕纱箱的温度控制系统。

1. 湿法缠绕的胶液温度控制系统

湿法缠绕的胶液温度控制系统一般采用水浴、电热丝或电热板、热风等多种加热方式。水浴加热一般适用于胶液温度控制范围室温到 70 ℃ 的加热需求，一般采用循环水加热，具有加热均匀、温度梯度小的优点，但受限于水的沸点和热平衡，很难将胶液加热到 70 ℃ 以上；电热丝或电热板加热，可以满足室温到几百摄氏度的加热需求，具有升温快、体积小、温度控制范围大的优点，但也有温度均匀性差、温度过冲后自然冷却速度慢容易造成爆聚(能量或物质快速对称地向内会聚的过程，又称内爆)的缺点；采用热风加热，既可以加热到较高的温度又可以进行温度的精确控制(未加热的气体可以起到冷却的作用)，但需要通过流体仿真来合理优化气体流道才能实现胶槽温度加热的均匀性。哈尔滨工业大学针对氰酸酯这样的高温树脂(需加热至 120 ℃)，设计了热风加热系统，取得较好的效果。图 3.36 所示为热风加热的原理示意图。

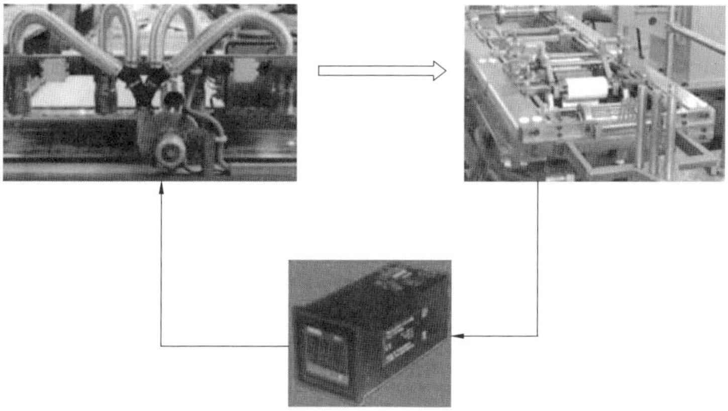

图 3.36　热风加热的原理示意图

水浴加热一般由恒温槽或加热水箱、循环泵、介质加热器和温度控制器电路等组成。胶液温度自动控制,采用循环水加热装置。由传感器分别采集胶液温度和加热介质温度数据,由温控仪进行控制。温度按要求设定并连续可调,自动反馈显示当前的温度。控温范围:室温至 70 ℃,控制精度为 ±2 ℃。水浴加热具有温度控制精度高、胶液加热均匀的优点,缺点是很难实现 70 ℃ 以上的胶液加热。图 3.37 所示为水浴加热的原理示意图。

图 3.37　水浴加热的原理示意图

2. 干法缠绕的预浸带加热系统

对于干法缠绕,可以采用红外加热灯或热风进行预热,保证缠绕时预浸带的黏性。加热温度范围:室温至 100 ℃,闭环控制。一般情况下,纱路与出纱嘴部位都需要加热。工程应用的预浸纱红外加热模块如图 3.38 所示。图 3.39 所示为纱路和绕丝嘴处均采用热风加热的纤维缠绕温度控制系统。

图 3.38　工程应用的预浸纱红外加热模块

图 3.39　纱路和绕丝嘴处均采用热风加热的纤维缠绕温度控制系统

3.4.3　挑纱与纱路

纱线需要经过一个复杂的传输路径才能缠绕到模具上去。为了减小纤维在传输过程中的损耗(摩擦等造成的起毛等现象,本质上是原丝连续性的破坏),要尽量减少过辊数量。过辊不但要有高的光洁度和耐磨性,并且转动要顺畅(阻力越小越好),圆跳动要小,还要保证动平衡。

在缠绕带封头的压力容器或储罐时,封头处直径缩小导致缠绕到模具上的纤维轨迹长度减小,再叠加出纱嘴反向,会造成纤维张力的变化乃至松纱(张力为零)现象,张力变化会影响制品质量,如果出现松纱现象,除了张力波动外还会引起纤维轨迹的错乱。因此,一般在缠绕设备上要设置挑纱机构,以防止出现松纱现象。

挑纱机构的实现方式各种各样,常见的有弹簧挑纱(图 3.40)、气缸挑纱(图 3.41、图 3.42)等,主要目的都是在纱线松弛时,能够及时地补偿并绷紧。

在进行多丝束合股缠绕时,由于纱束较宽,理论上会存在内外两侧丝束路径长度不同的现象,如图 3.43 所示。由于合股后,如果张力系统不能对各丝束的张力进行有效的单路调控,将会造成纱束出现松边、紧边的现象。理论上讲,大部分纤维缠绕系统都是对单路纱进行张力控制,可以避免松边、紧边现象的出现。但由于过辊造成的摩擦力等因素,在纱箱处的张力控制无法实现对末端张力变化的有效补偿,特别是浸胶后二次施加张力的情况。

要从根本上解决松紧边的问题,有两个解决路径:① 实现单路纱张力从前端到末端的有效张力控制;② 对过纱系统进行微调,对纱线路径长度进行补偿。对于第一个

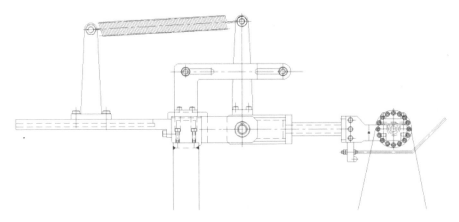

图 3.40　摆臂式弹簧挑纱装置

图 3.41　垂直运动式气缸挑纱装置

解决路径来说,末端的挑纱机构也需要分别对单束纱进行挑纱。图 3.44、图 3.45 为采用单个气缸来实现单路挑纱的示例。对于干法缠绕系统,该挑纱机构可以正常运行;但对于湿法缠绕系统,树脂有可能会黏到气缸杆上导致气缸伸缩不畅,一般需要增加导向机构。

对于第二个解决路径来说,需要针对具体的模具和纱宽设计对应的阶梯过辊,但阶梯的梯度需要摸索,如图 3.46 所示,或者采用自适应的回转摆辊。哈尔滨工业大学设计了自适应的回转摆辊,在航天部门进行了应用,取得了良好的效果,如图 3.47所示。

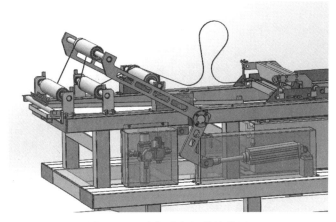

图 3.42　连杆式气缸挑纱装置

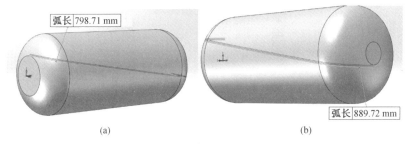

弧长 798.71 mm

弧长 889.72 mm

(a)　　　　　　　　　　　　　　　　(b)

图 3.43　缠绕压力容器时松边、紧边的成因分析

图 3.44　单纱独立挑纱装置

图 3.45　单纱独立挑纱系统的工程应用

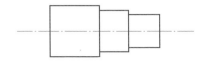

图 3.46   阶梯过辊

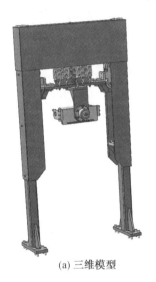

(a) 三维模型

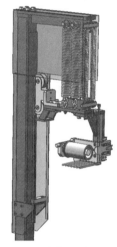

(b) 剖视示意图

图 3.47   自适应回转摆辊

3.4.4   浸胶系统

对于纤维缠绕制品而言,决定其性能的主要因素如下:

(1) 结构强度和刚度取决于制品中纤维的种类、含量及分布;

(2) 制品的化学性能、电性能及热性能主要取决于树脂基体的种类及配比;

(3) 制品的综合性能取决于树脂基体与缠绕工艺的匹配性;

(4) 制品的成本和性能还取决于设计是否合理以及纤维和树脂基体是否匹配。

由此可见,制备高品质的纤维缠绕复合材料制品的关键之一是优良的界面性能,而树脂与纤维增强体的良好浸润则是获得高质量复合材料界面的前提。如果浸润不良,则会在界面上产生大量缺陷,导致纤维中的应力无法有效传递,最终引起复合材料整体力学性能的下降。含胶量的控制一直是湿法缠绕工艺质量控制中的关键要素,也是难点,赫晓东等人在《先进复合材料压力容器》中提到在结构强度满足要求的情况下,可以将复合材料的数值含胶量(质量分数)控制在 32% 左右。干法缠绕时,含胶量取决于预浸料含胶量的控制准确性,一般来说能控制得较为精准。

对于基体材料而言,不仅要对纤维有良好的浸润性和黏结性,而且要具有一定的塑性和韧性,固化后有较高的强度、模量和与纤维相适应的延伸率等。湿法缠绕成型过程中,树脂与纤维的浸润效果实际由纤维类型、树脂类型、表面处理情况、温度等因素决定。

当纤维和树脂基体一定时,欲使纤维缠绕结构的强度最高,则应在保证纤维具有良好的黏接的前提下将树脂含量降至最低。树脂应保证缠绕制品具有高的层间剪切强度和具有较高的与纤维相匹配的断裂延伸率。缠绕速度增加,含胶量下降,层间剪切强度降低。按照哈尔滨玻璃钢研究院用 NOL 环(环形试样)做的实验,湿法缠绕线速度不宜大于 30 m/min。

浸渍模型最早于 20 世纪 60 年代出现,应用于不同领域,较为古老的浸胶设备在不断迭代发展中改动较小,属于开放式浸渍设备,包含浸泡式浸渍设备(dip type baths)、滚筒式浸渍设备(drum type baths)、压辊式浸渍设备(roller impregnators)等。

1. 开放式浸胶

(1)浸泡式浸渍设备。

该设备(图 3.48)较为简单,由一个树脂槽和多列并排的辊子组构成。使用时,纤维等材料在进入树脂后通过多个辊子,可以挤出空气完成树脂向纤维内部的浸渍。主要用于拉挤成型工艺。

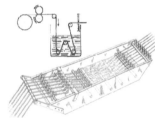

图 3.48　浸泡式浸渍设备

(2)滚筒式浸渍设备。

该设备(图 3.49)较为复杂,主要由浸胶槽、滚筒及刮胶刀片组成。在使用时,纤维带动滚筒旋转,滚筒携带浸胶槽内树脂在其表面形成一层树脂膜,用于纤维束的吸收,在浸渍过程中,树脂膜厚度可以通过调整刮胶刀片进行控制。滚筒和刮胶刀片共同保障纤维束能够得到充分浸渍,并舍去多余树脂。主要用于长丝缠绕工艺,也适用于剪切强度较低的纤维(如碳纤维)。但是由于该设备只是通过机械结构实现纤维束的浸渍,并不具备较高的精度。

(3)压辊式浸渍设备。

该设备(图 3.51)与滚筒式浸渍设备工作原理相似,在辊子表面形成一层树脂薄膜。当增强材料通过滚轮之间的间隙(校准距离)运行时,树脂被迫通过增强材料流动,从而浸渍纤维。主要用于黏度非常高的树脂系统或非常厚的加固材料,如预浸料生产。

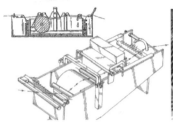  

图 3.49　滚筒式浸渍设备

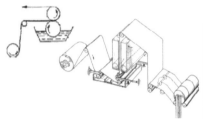  

图 3.50　压辊式浸渍设备

对于湿法缠绕来说,其浸润过程主要包括浸胶槽中的浸润,以及带胶纤维缠绕到芯模上后,在表面张力和纤维张力作用下树脂在纤维束之间、层与层之间的迁移过程(由于张力的作用,迁移方向主要由内向外)。一般情况下,第一个过程决定了第二个过程发生的程度。如果第一个过程均匀浸润且总量适量,则第二个过程就不显著;如果第一个过程带胶过多,且控制不均匀,在制品上将形成局部富胶区域,该区域内树脂迁移将比其他区域显著得多。因此,湿法缠绕时,纤维缠绕装备中必须加强胶槽浸胶过程对含胶量的控制,这对于制品含胶量的控制更有现实意义。目前的浸胶工艺大致可以分为胶槽式浸胶与定量供胶两类。胶槽式浸胶又可分为下浸胶和上浸胶。下浸胶是指纤维从胶液中穿过,直接浸润,但容易在胶液中引入气泡,如图 3.51 所示。上浸胶是指胶辊半浸在胶液中,纤维以一定包角包络胶辊,胶辊上胶膜的厚度可以通过一刮刀与胶辊之间的间隙进行控制,从而达到调整含胶量的目的,如图 3.52 所示。

由于上浸胶的含胶量可以通过胶膜厚度进行调控,因此在航空航天等对含胶量要求比较严格的领域一般采用上浸胶。民用领域主要看重成本和效率,使用下浸胶的比较多。无论是上浸胶还是下浸胶,在现实场景中,经常需要人工刮胶来控制含胶量。刮胶会导致纤维大量磨损,并且通过手工刮胶并不能精确控制含胶量。

哈尔滨工业大学赫晓东等人采用较大黏度的树脂(80 Pa·s)与 T800－12k 碳纤维对浸胶过程中张力、胶辊直径及纤维束宽度等因素对浸润的影响做出了研究:① 张力因素:在不同初始张力、其余初始条件相同的情况下,发现树脂的浸润深度首先随着缠绕速度的增加达到最大值,随后逐步下降,随着纤维预应力的提高,最大值出现时的

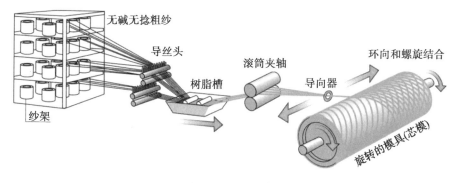

图 3.51　下浸胶

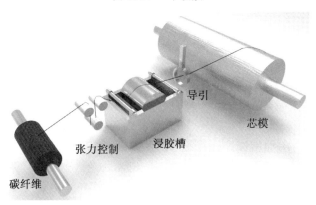

图 3.52　上浸胶

纤维缠绕速度逐渐提高;② 胶辊直径:在不同胶辊直径、其余初始条件相同的情况下,发现随着胶辊直径的增加,最大浸润深度保持不变,但其所对应的缠绕速度提高;③ 纤维束宽度:在不同纤维束宽度、其余初始条件相同的情况下,发现最大浸润深度随着纤维束宽度的提升而提高。

　　虽然传统的浸胶设备能够满足纤维缠绕制品的加工需求,但是在使用时存在以下问题:① 需要将混有固化剂的树脂提前准备好放置到树脂槽中,这会导致在缠绕或是其他工艺的加工过程中树脂混合液黏度随时间增加的现象,导致树脂混合液无法使用,造成浪费,同时,不利于产品的加工制造;② 在加工过程中,树脂长时间暴露于空气之中,会在工作环境中导致挥发性有机化合物的排放,可能会引发操作者健康问题;③ 所用设备均为机械式结构,难以实现精确控制树脂的含量;④ 在完成缠绕后,需要进行设备的清洗,保证下次能够正常使用,该清洗过程较为烦琐。因此,有学者提出了封闭式浸胶模型,主要分为高压浸渍和低压浸渍两种。

2. 封闭式浸胶

(1) 高压浸渍设备。

该设备(图 3.53)为一个略带锥度的直通腔体。树脂通过位于型腔中间的注入孔进入内部与纤维接触,纤维束的浸渍过程受高注入压力作用。在浸渍过程中,纤维束始终处于压缩状态,纤维体积分数由最终腔体截面确定。此类型浸渍设备能够使用高黏度树脂。

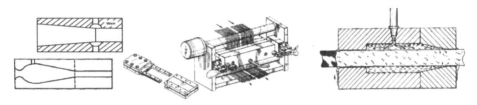

图 3.53　高压浸渍设备

(2) 低压浸渍设备。

该设备(3.54)的设计较为复杂,浸渍过程由毛细力和纤维在腔内偏转引起的静水压力驱动,需要考虑如何设计合理的浸渍路线及型腔尺寸来实现纤维束的浸渍。其中,树脂可以通过喷雾技术或通过小孔进行低压注入进入型腔。此类型的设备不包含任何动力部件,同时由于纤维压缩较低,也适用于敏感纤维。虹吸式浸胶设备是一种典型的低压浸渍设备。

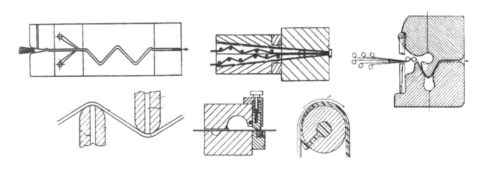

图 3.54　低压浸渍设备

① 虹吸式浸胶模型。国外学者基于低压浸渍模型理论提出一种虹吸式浸胶模型,其浸渍过程如图 3.55 所示,从纤维束进入型腔开始,先后经历入口区、浸渍区、接触区完成由干燥到完全浸渍的状态。从图 3.55 可以看到,在入口区,型腔壁与移动的纤维束之间形成一层树脂薄膜,纤维束和树脂进入到浸渍单元后,由于张力的存在,纤维束在曲面上发生转向贴合,向树脂施加静压,同时,树脂、纤维与大气之间的表面张力差将产生毛细管压力,使树脂更好地浸渍纤维,在到达接触区后,由于树脂膜的厚度

无限减小,纤维束与型腔出现接触,摩擦现象最大化,纤维束被进一步压实,其中的空气会得到排出。可以知道,在该虹吸式浸胶装置中,静水压力和毛细管力共同构成了纤维浸渍过程的主要驱动力。

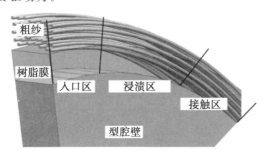

图 3.55　虹吸式浸渍过程

该浸胶装置采用由多个正弦曲线形成的密闭型腔用来完成纤维束的浸渍,每个型腔都能产生压力梯度,促进纤维的充分浸润。为了实现一次性使用和并行加工,型腔由聚四氟乙烯管构成,该管被放置在一个金属模具内,并被压缩成扁椭圆形。这种设计能保证粗纱在不同方向上具有均匀的压力和压实条件,同时避免粗纱截面积的增加,如图 3.56 所示。

图 3.56　虹吸式密闭型腔

② 浸胶原理分析。纤维束是众多连续纤维丝的集合,Gutowski 提出如图 3.57 所示的纤维丝模型,认为纤维丝具有轻微的正弦波形特征,这种特性会造成纤维束内部的纤维丝处于相互接触或是相互远离的状态,纤维丝之间的空隙被空气填充,因此,纤维束为多孔介质。

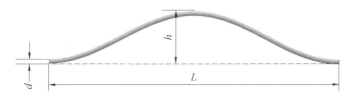

图 3.57　纤维丝示意图

当纤维束受到轴向拉伸或是横向压实时,纤维内部空隙将会减小,导致纤维体积分数增加,Gutowski 提出了式(3.1)与式(3.2)两个经验公式用于表述轴向拉力、体压应力与纤维体积分数的关系,其中 A_0 表示纤维初始压实面积,V_0 表示未受力状态下的初始纤维体积分数,V_f 表示当前受力状态下的纤维体积分数,V_a 表示工程上可实现的最大纤维体积分数,E 表示纤维的弹性模量,β 表示纤维的波纹度,结合图 3.57 可得其表达式(3.3)。

$$F_1 = \frac{A_0 V_0}{V_f} \frac{1 - \sqrt{\dfrac{V_f}{V_0}}}{\dfrac{16}{\pi^3} \dfrac{\beta^2}{E} \sqrt{\dfrac{V_a}{V_f} \left(\sqrt{\dfrac{V_a}{V_f}} - 1 \right)^3}} \tag{3.1}$$

$$\sigma_b = \frac{3\pi E}{\beta^4} \frac{\left(1 - \sqrt{\dfrac{V_f}{V_0}}\right)}{\left(\sqrt{\dfrac{V_a}{V_f}} - 1\right)^4} \tag{3.2}$$

$$\beta = L/(h - d) \tag{3.3}$$

在纤维浸渍的过程中,树脂可视为连续流体介质,密度在 1 000 ~ 1 200 kg/m³ 之间,流体的流速在 0 ~ 100 m/min 之间,树脂的初始黏度在 50 ~ 1 000 mPa·s 之间,最大不超过1 000 mPa·s,为了树脂的充分浸渍,树脂膜的厚度保持在 10^{-3} ~ 10^{-12} 之间。根据雷诺数计算公式(3.4)计算可得出雷诺数保持在临界值之下,并可依据达西定律(式(3.5))对纤维在树脂中的浸渍过程进行模拟,其中 v 表示流体速度矢量,∇P 表示压力梯度,K 在此表示多孔介质的渗透率,η 代表流体黏度。

$$Re = \frac{\rho v l}{\eta} \tag{3.4}$$

$$v = -\frac{K \nabla P}{\eta} \tag{3.5}$$

为了实现对复合材料制造工艺的预测,Carman 提出了关于渗透率(K)和体积分数的关系式(3.6),其中 k 为 Kozeny 常数,R_f 为纤维半径。

$$K = -\frac{R_f^2 (1 - V_f)^3}{4 k V_f^2} \tag{3.6}$$

由于纤维的单向取向,纤维束具有正交各向异性对称条件。如图 3.58 所示,y 方向与 z 方向的纤维间孔隙率具有相同的几何特征,基于这种对称性,厚度方向的渗透率被认为与垂直于平面方向的纤维的渗透率相等。可以通过相关实验设备采集数据并结合 Carman 模型实现对 K 值的求解。

由式(3.1)与式(3.2)可知,可由纤维束的轴向拉力 F_1、体压应力 σ_b 获得纤维体积分数 V_f,结合式(3.6)求取纤维束的渗透率 K。

在纤维缠绕过程中,纤维张力会逐步增加,如图 3.59 所示,在 $d\theta$ 对应的微分弧长上张力变化为 dT,浸渍装置作用在宽度为 W 的纤维束上的径向力可表示为 $dN = PWRd\theta$,其中,P 为压力,R 为型腔曲半径,θ 为偏转角。当树脂膜所受到的内外压力

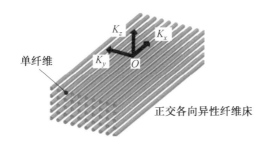

图 3.58　单向纤维束

相等时,可表达为 $\mathrm{d}N = (T + T + \mathrm{d}T)\sin(\mathrm{d}\theta/2)$,由于偏转角 θ 为一个接近 0 的极小值,则 $\mathrm{d}\theta\mathrm{d}T \approx 0$,$\sin\theta \approx 0$,$\mathrm{d}N = T\mathrm{d}\theta$,因此,可得到压力与张力之间的公式(3.7),在不考虑其他力的影响下,随着张力的增加,压力沿浸渍单元成比例地增加,如图 3.60 所示。

$$P = T/WR \tag{3.7}$$

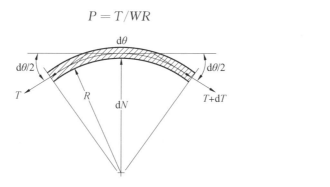

图 3.59　静水压力示意图

压力场

图 3.60　浸渍过程表面压力示意图

　　纤维束是由多条纤维丝组成的多孔介质,在浸渍过程中,树脂填充在纤维丝的空隙之间,当树脂与纤维和大气接触时,由于表面张力的不同,在三相界面上产生压力。毛细管力可以用杨氏－拉普拉斯方程(3.8)表示,其中 γ_{s} 和 θ_{ca} 分别表示树脂表面张力和纤维与树脂接触角(图 3.61)。

$$P_{\mathrm{c}} = \frac{2\gamma_{\mathrm{s}}\cos\theta_{\mathrm{ca}}}{R_{\mathrm{c}}} \tag{3.8}$$

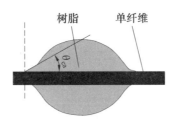

图 3.61　树脂与纤维的接触角

毛细管半径 R_c 取决于单丝之间的距离,Angelos 通过实验分析获得了毛细管半径 R_c 与纤维体积分数 V_f 的关系式(3.9),其中,D 表示纤维丝的直径,ε 为常数。

$$R_c = \varepsilon D \frac{(1-V_f)^3}{V_f^2} \qquad (3.9)$$

在获得了静水压力(式(3.7))与毛细管力(式(3.8))的表达式后,绘制不同型腔半径下的曲线表达,在静压条件下,考虑曲线半径为 42.5 mm,粗纱宽度为 4.5 mm。计算毛细管力时,粗纱体积分数由式(3.2)计算,定义纱宽为 4.5 mm,如图 3.62 所示。可知同一半径下毛细管力占据静水压力的 5% ~ 10%,因此毛细管力作为主要浸渍力之一完成纤维束的浸渍过程。

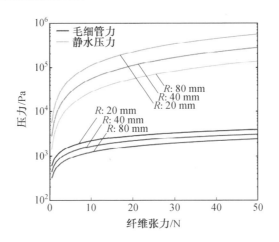

图 3.62　纤维张力与静水压力／毛细管力关系

达西定律(式(3.5))没有考虑毛细管力,毛细管力仅存在于三相界面(树脂流动前沿),饱和区域的毛细管力为零。Amico 等人和 Ahn 等人提出了在达西定律表达式方程中实现毛细管力项(式(3.10))。由于在纤维连续浸渍的情况下,流动路径相对较小,因此浸渍过程的建模采用式(3.10)。

$$v = -\frac{K \nabla(P + P_c)}{\eta} \qquad (3.10)$$

如图 3.63 所示,纤维为多孔介质,在浸渍过程中需考虑树脂在纤维中的滑移条件,在纤维未与型腔壁接触时,树脂膜厚度为 δ_s 与 δ_{eff} 的和,其中,δ_s 为纤维底部与腔壁的距离,δ_{eff} 为在滑移条件下树脂剪切产生的有效距离。

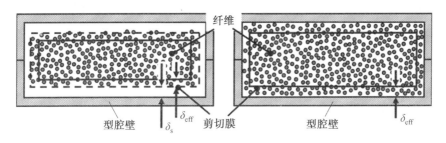

图 3.63　树脂膜厚度示意图

在缠绕过程中,纤维束所受的张力最初由纱箱提供,而后在传输路径上逐步增加。在浸渍过程中,纤维张力主要受到库仑摩擦力与黏性剪切力的影响,当纤维束与型腔壁接触时,树脂膜厚度达到最小值,此时树脂膜受到的内外压力相同,库仑摩擦力对张力的影响如式(3.11)所示,式中 μ 为摩擦系数。纤维束在树脂膜内运动引起的微分弧长上张力变化如式(3.12)所示,式中 U 为纤维束运动速度,δ 为树脂膜厚度,W 为纱线宽度,R 为型腔半径。

$$dT_f = \mu dT_N = \mu T d\theta \tag{3.11}$$

$$dT_s = \eta \frac{U}{\delta} WR d\theta \tag{3.12}$$

将式(3.11)与式(3.12)相加即可得到张力的变化,但是在纤维束未完全浸入树脂膜时,库仑摩擦力会有所减小,可引入一个变量 $f(0 \leqslant f \leqslant 1)$ 来表示在不同树脂膜厚度时的张力增长,则可得到纤维在浸渍过程中的张力变化表达式(3.13),其中,f 为与树脂膜厚度有关参数(当树脂膜厚度最大时为 0,树脂膜厚度最小时,接近 1)。

$$dT = f dT_f + dT_s = \mu f T d\theta + \eta \frac{U}{\delta} WR d\theta \tag{3.13}$$

采用龙格－库塔法求解式(3.13),根据缠绕工艺设置和浸渍单元几何形状,确定了初始张力和粗纱总挠度的边界条件。每次求解迭代后,计算主要参数和次要参数的值,求解达西方程(式(3.5))。在更新参数值并设置新的边界条件后,求解进行下一个时间步骤,完成纤维浸渍型腔的设计。

3.5　滑线系数的确定

纤维缠绕轨迹可以分为两类:测地线缠绕轨迹和非测地线缠绕轨迹。测地线缠绕轨迹是自然稳定的,在纤维张力作用下不会发生滑移,但测地线缠绕轨迹的局限性比较大。不等极孔压力容器的螺旋缠绕、从螺旋缠绕至环向缠绕的过渡缠绕等缠绕线型,从理论上无法实现测地线缠绕,只能采用基于摩擦力的非测地线缠绕。结构上,线型稳定的缠绕范围是优化设计的基础;工艺上,可缠绕范围是保证非测地线纤维轨迹工艺可行性的基础。

根据式(2.15),要想满足稳定缠绕条件需满足滑线系数:

$$\lambda = \left| \frac{k_g}{k_n} \right| \leqslant \mu_{max}$$

因此,在纤维缠绕轨迹规划的设计中,滑线系数起着重要的作用,直接决定了纤维缠绕轨迹偏离测地线轨迹的程度。滑线系数是一个与芯模曲率、母线方程、缠绕角有关的量。能否获得可靠又实用的滑线系数,直接影响非测地线轨迹的设计与成型。在实际工作中,工艺人员往往根据经验将湿法缠绕的滑线系数取值为 0.1 ～ 0.2,干法缠绕的滑线系数取值为 0.1 ～ 0.39。国内外的研究人员提出了一些测量纤维与芯模间滑线系数的方法,如哈尔滨工业大学赫晓东团队提出了一种新型的滑线系数测量芯模形状和滑线系数实验表征方法,测试结果表明无论是干法缠绕还是湿法缠绕,缠绕速度、缠绕张力、同一类不同型号纤维对滑线系数测试的影响可以忽略不计,芯模表面质量对滑线系数的影响较大。

3.6　纤维缠绕装备的主要技术指标

纤维缠绕装备本质上属于一类非标数控机床,数控机床高速、高精、高效的目标,对于纤维缠绕装备同样适用。不同于金属切削机床的减材式加工,纤维缠绕装备的工艺过程是增材式加工,且属于非接触式加工。另外,湿法纤维缠绕的制品质量受到张力稳定性、树脂浸润性等因素的影响,往往不能单纯追求高速。

纤维缠绕装备作为一类复合材料自动化成型装备,目前还没有国家标准。一些企业针对特定类型的装备或需求,制定了少量企业标准,且其认可度尚不高。实际上,在纤维缠绕装备验收时往往参照数控机床的国家标准。对于精度指标,相对于金属切削机床可以取下限或者适当放松,但为了保证装备的长期稳定性和精度保持性,装备的几何精度还是要满足一定要求。根据作者多年的经验,给出机床形式纤维缠绕装备的主要技术指标范围如表 3.2 所示。

表 3.2　机床形式纤维缠绕装备的主要技术指标范围

序号	规格内容	单位	数值或范围
1	夹持长度	mm	根据模具实际情况确定
2	最大缠绕直径	mm	根据模具实际情况确定

续表3.2

序号	规格内容	单位	数值或范围
3	工位数	个	一般为 1~6,通常为 1
4	工件最大质量	kg	根据模具实际情况确定
5	小车最大行程	mm	根据缠绕长度确定
6	缠绕角范围	°	0~90,其中 0 和 90 只是理论上可实现
7	主轴最大转速	r/min	主轴最大转速与最大缠绕直径结合即可得到最大抽纱速度,体现了缠绕效率
8	小车最大运动速度	m/min	一般为 20~120,实际常用 30~60
9	伸臂最大运动速度	m/min	一般为 20~90,由于行程较短,实际常用 20~40
10	绕丝嘴最大转速	r/min	一般为 50~150
11	伸臂最大行程	mm	跟模具最大直径紧密相关
12	最大抽纱速度	m/min	跟主轴最大转速、最大缠绕直径以及张力器的动态特性紧密相关,一般为 20~100
13	绕丝嘴转动范围	°	±180
14	纱架装夹团数	团	根据缠绕工艺合理确定
15	单丝出纱张力范围	N/团	一般为 5~50,根据实际工艺确定
16	纱团最大外径	mm	一般为 $\phi130$~$\phi260$
17	纱团内径	mm	$\phi76$,外抽纱的标准纸筒
18	胶槽温度控制	℃	室温到 60(水浴加热),室温到几百(电加热)
19	胶槽升温速率	℃/h	根据缠绕工艺合理确定
20	胶槽控温精度	℃	一般为 ±2~5
21	胶槽容积	L	根据缠绕工艺合理确定
22	缠绕精度	mm	±0.2
23	小车重复定位精度	mm	±0.02/1 000
24	伸臂重复定位精度	mm	±0.02/400

续表3.2

序号	规格内容	单位	数值或范围
25	主轴导轨垂直面内直线度	mm	0.04/500,全行程不超过0.1
26	主轴径向跳动	mm	≤0.05
27	主轴轴向跳动	mm	≤0.05
28	主轴和尾座轴线等高度	mm	≤0.1,尾座中心高不得低于主轴中心高
29	主轴床身与小车床身平行度(水平面)	mm	全长度≤0.2
30	主轴床身与小车床身平行度(垂直面)	mm	全长度≤0.2

3.7   带药柱缠绕复合材料工艺

一般纤维缠绕壳体固化有"外固化"和"内固化"两种,但这两种方法都是将壳体单独固化,成型后壳体或与推进剂无法形成良好的尺寸匹配,造成空隙间隔,影响装药效果而且造成资源浪费。一体化包覆技术是将药柱进行处理,直接在其表面包覆并进行缠绕成壳,将连续的纤维包覆材料缠绕于固体推进剂药柱表面,起到承压、隔热和限燃的作用,然后整体进行固化。该工艺把药柱、前后封头、包覆层和绝热层组装成组合芯模,然后缠绕成型,省去了传统工艺中必备的芯模工装和芯模制作。带药柱缠绕复合材料工艺流程示意图如图3.64所示。

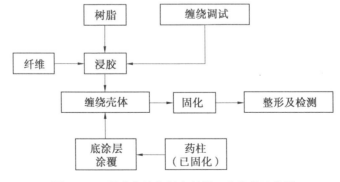

图3.64   带药柱缠绕复合材料工艺流程示意图

无间隙带药缠绕装填方式具有药柱与壳体无间隙,有效增加装药质量,发动机连接结构较其他壳体的金属件连接结构的质量小等优点。为了确保生产安全,需要选择性能优良、固化温度低于药柱温度的低温树脂。

但由于药柱的特殊性,该缠绕工艺一般在防爆工房中进行,相关缠绕装备机电系统也需要满足相关防爆认证需求。纤维缠绕全过程要严格执行火工品相应技安规则,产品固化一般采用水浴烘箱,严格控制固化温度。哈尔滨工业大学根据相关部门需求,开发了多台套带药柱纤维缠绕装备,为带药柱缠绕成型工艺提供了装备保障。

第4章

纤维增强复合材料网格结构自动成型技术

4.1 引 言

随着航天航空领域的发展,人们不断追求具有更轻质量、更优性能的航空航天结构。减轻结构质量、提高结构承载效率一直是航空航天领域的热点问题。利用最小的结构质量实现最大的承载以减少成本是航天器结构设计的终极目标。为了实现航天器的超轻结构设计,进一步提高结构承载效率,需要创新结构设计。探索创新结构形式与先进复合材料应用成为推动航空航天技术发展的关键一步。

从设计角度来看,有效提高结构承载效率有两种思路:① 替换材料;② 改变结构构型。其中,点阵(阵点在空间呈周期性规则排列)结构是从结构构型出发而被广泛关注的一类结构,其是由一系列单独元件通过接头连接起来的网络状几何结构,组成元件主要承受轴向载荷。点阵结构可以通过将材料分配到局部的离散元件来提高结构承载效率,例如可以将材料分配远离弯曲轴线或扭转轴线的位置,来提升弯曲刚度和扭转刚度。将复合材料应用于点阵结构具有很大的优势:复合材料因其各向异性,具有很强的可设计性,并可以通过铺层设计使主要轴向承载元件的性能最大化;将复合材料与点阵结构构型相结合,可以达到较高的结构承载效率。复合材料点阵结构可以分为复合材料点阵梁结构(composite lattice beam,CLB)、复合材料格栅加筋结构(composite grid stiffened panel,CGSP)、复合材料点阵夹芯结构(composite lattice core sandwich panel,CLCSP)三类。其制造方法有两种:① 点阵元件是预先制作好的,然后组装成点阵结构体,这种方法制作的点阵结构相邻元件之间的接头处纤维存在不连续的现象;② 使用更先进的制造技术来同时成型点阵元件和几何体,如连续纤维增材制造,这种方法可使相邻元件之间的纤维保持一定的连续性,并可以大大减少或消除复合材料连接件。

在点阵结构中,复合材料格栅加筋结构(又称网格复合材料点阵结构)在航空航天领域被认为是一种低成本结构,有着广阔的应用前景,被广泛重视。本章内容主要围绕网格复合材料点阵结构的连续纤维增材制造成型工艺展开。

4.2　网格结构的形式及其特点

常见的复合材料网格加强结构形式有纵梁加强结构、三明治夹层结构、先进网格加强结构(advanced composite grid structures,AGS)等,如图 4.1 所示。其中先进网格加强结构是由相互交错的复合材料加强肋交织而成的网格状结构,根据是否具有蒙皮结构,可分为无蒙皮网格结构、单侧蒙皮网格结构(内蒙皮、外蒙皮)、双侧蒙皮网格夹芯结构。其结构的承载能力由加强肋的性能决定,受蒙皮的影响较小,可以在保证结构具有高强度、高刚度性能的同时,减轻结构的质量。而纵梁加强结构与三明治夹层结构的承载能力受到蒙皮的影响,在应用过程中的减重效果有限。与铝合金网格结构相比,在承受极限载荷相同的情况下,采用纤维增强复合材料制成的网格结构可实现 45% 的减重。这主要是由于通过设计网格结构的纤维方向和承载路径,能够最大限度地发挥纤维的性能。纤维增强树脂复合材料网格结构凭借其优异的性能,常被用于火箭级间段、整流罩、载荷连接器支架、飞机机身等。

(a) 纵梁加强结构　　　　　(b) 三明治夹层结构　　　　　(c) 先进网格加强结构

图 4.1　常见复合材料网格加强结构形式

纤维增强树脂复合材料网格结构除了具有纤维增强复合材料固有的优点外,还有许多其他优良的性能:

(1)较高的结构承载效率,其比强度、比刚度比传统的复合材料结构有很大的提高,在保证具有高强度、高刚度的同时,能够最大限度地实现结构的减重。

(2)灵活的可设计性,能够通过优化网格图案、纤维轨迹、加强肋结构尺寸及纤维树脂材料等来实现结构性能的提高。

（3）较高的损伤容限，载荷沿着加强肋的方向传递，当结构中出现微小的损伤或裂纹时，载荷能够沿着周围的结构均匀传递。

（4）较强的抗冲击特性，网格的节点增强了结构的阻尼特性，有助于冲击波的衰减，尤其是对瞬态响应有显著的阻尼效果。

（5）无蒙皮、单侧蒙皮网格结构的开放式结构形式，为结构质量检测、功能化扩展提供了便利条件。

（6）网格结构的制造有可能实现完全自动化，制造周期相对较短。

但纤维在网格结构交叉点处的堆积、架空、弯曲和裁剪将严重影响结构的最终性能，需要在工艺成型过程中综合权衡工艺性与承载性能。如采用非连续纤维工艺成型时，可以实现交叉点处与肋的等厚，但纤维的连续性遭到破坏，会降低网格结构的承载能力。

4.3 网格结构的分类

网格结构是一种二维点阵结构，网格的加强肋在平面或曲面上呈周期性排列。根据加强肋所在结构体形式的不同，可以将网格结构分为平面网格结构、圆柱网格结构、圆锥网格结构和双曲面网格结构等，如图4.2所示。

(a) 平面网格结构　　　　　　　　　　(b) 圆柱网格结构

(c) 圆锥网格结构　　　　　　　　　　(d) 双曲面网格结构

图 4.2　不同曲面类型的网格结构

网格结构的加强肋可以设计成各种几何图案，不同几何图案的承载效率有所不同,在航空航天领域中典型的网格结构图案有矩形、菱形、三角形、三角形—六边形等,如图 4.3 所示。其中,三角形均匀分布的结构之中,所有的加强肋能够承受相同的载荷,使得构件整体上具有了各向同性的特点,因此等三角形网格结构也被称为各向同性网格结构。

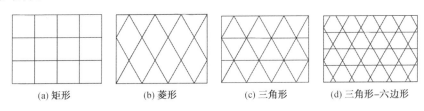

(a) 矩形　　　　　(b) 菱形　　　　　(c) 三角形　　　(d) 三角形–六边形

图 4.3　典型的网格结构图案

随着纤维缠绕、纤维铺放等自动化工艺的发展,可以实现复杂纤维轨迹的自动化成型,更多复杂加强肋结构被设计出来。采用曲线加强肋的变角度网格结构(图 4.4(a))可以通过优化加强肋的角度和布局来实现结构承载效率、抗屈曲能力的提升。通过改变结构中网格单元图案的大小,可实现变密度网格结构图案(图 4.4(b))。根据结构性能的需要调节结构局部网格的大小和密度,优化局部结构性能,提高结构承载效率。变密度网格结构图案常见于圆锥体网格结构中。图 4.4(c)所示为一种多级网格结构图案,粗线表示主网格结构,细线表示子级网格结构。主网格结构可以提高结构抵抗整体失稳的能力,子级网格结构可以提高抵抗局部屈曲的能力,二者组合可以进一步提高结构的承载效率。

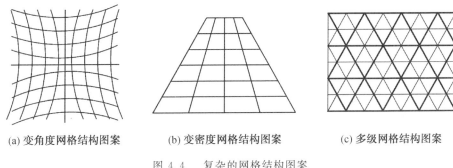

(a) 变角度网格结构图案　　　(b) 变密度网格结构图案　　　(c) 多级网格结构图案

图 4.4　复杂的网格结构图案

4.4　网格结构在航天中的应用

纤维复合材料网格结构凭借其优异的性能,常被用于火箭级间段、整流罩、载荷连接器支架、飞机机身等。早期的复合材料网格结构由美国和俄罗斯的研究团队为航空航天应用而开发,在美、俄的航天器中可以看到大量复合材料网格结构的应用。根据网格结构在发射期间是否受载可以将其分为两类：第一类是在发射期间受载结构，以强度和刚度为约束目标，使结构质量最小化，作为主承力结构；第二类结构在发射期间承受的载荷较小，要求其具有足够的刚度、热稳定性和最小质量，其典型结构为用于空间装配的梁结构。

最早开始复合材料网格结构研究的是俄罗斯的特种机械中央研究院，其于 1981 年研制了第一个网格结构，该圆柱网格结构的直径为 1.3 m，长为 1.4 m，它所承受的轴向载荷远远超过了基于传统的壳体失效准则预测的结果。1988 年，该研究院研制了第一个火箭用级间段，如图 4.5(a) 所示，并将网格结构技术成功应用于大型运载火箭中。图 4.5(b) 为俄罗斯 Proton－M 火箭一二级之间的级间段，该级间段长 3 m，直径达 4.1 m。

(a) 第一个火箭用级间段   (b) Proton–M 火箭级间段内部

图 4.5　俄罗斯研制的网格结构火箭级间段

整流罩是运载火箭的重要组成部分，它保护卫星等有效载荷不受气动力、气动加热、声振等有效环境的影响。在飞行过程中，整流罩主要承受压缩、弯曲载荷以及局部的拉伸、剪切载荷。图 4.6 所示为美国空军研究实验室（AFRL）研制的网格结构整流罩，该整流罩由纤维缠绕工艺成型，其同铝制结构相比实现了 60% 的减重，同传统蒙皮增强结构相比减重 40%，同时，比传统蜂窝夹芯整流罩成本降低 20%。

有效载荷适配器是商业火箭的主要结构，它是火箭和航天器的连接部分。通常情况下，火箭和航天器的直径有所不同，且距离较小，因此，适配器通常为圆锥壳体。图 4.7 所示为俄罗斯 Proton－M 火箭的载荷适配器。该结构由湿法缠绕工艺成型，与铝制原型结构相比，实现 60% 的减重，成本降低 30%。

卫星承力平台是网格结构在空间结构中的典型应用，天线、相机等各种仪器设备通常安装在网格结构筒的外表面，推进剂储箱、轨控发动机等安装在网格结构筒的中间。图 4.8 所示为俄罗斯 Express 系列卫星承力平台装配前后的网格结构，该结构由纤维缠绕工艺成型。

网格梁结构是一种典型的可装配空间结构，在保证结构刚度和热稳定性的前提下可有效减轻结构质量。图 4.9 所示分别为圆形、非圆形、矩形截面的网格梁结构，其单

图 4.6　　网格结构整流罩

图 4.7　　俄罗斯 Proton－M 火箭的载荷适配器

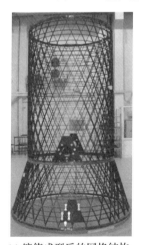

(a) 缠绕成型后的网格结构　　　　　　　　　　　(b) 装配时的网格结构

图 4.8　　俄罗斯 Express 系列卫星承力平台装配前后的网格结构

位长度的质量约为 0.25 kg/m。通过调整环向肋和螺旋肋的材料,改变环向肋和螺旋肋的热膨胀系数,可以实现网格梁结构轴向热变形的控制,得到零变形甚至负变形的结构。图 4.10 所示为两类材料复合成型的网格结构,其螺旋肋为碳纤维环氧树脂结构,环向肋为玻璃纤维环氧树脂结构。

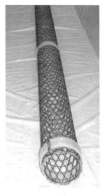 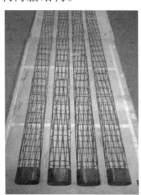 

(a) 圆形截面   (b) 非圆形截面   (c) 矩形截面

图 4.9　网格梁结构

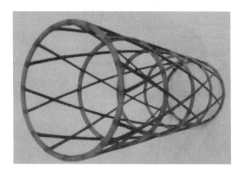

图 4.10　碳纤维－玻璃纤维复合成型的网格结构

4.5　网格结构成型的工艺流程和难点

复合材料的结构性能受到工艺方法、工艺参数的影响,使复合材料的结构设计与成型工艺密不可分,纤维增强树脂复合材料网格结构亦是如此。工艺方法的发展使更多的网格结构形式从理论设计成为现实,如编织网格结构、曲线肋网格结构、多级网格结构等。一般情况下,网格结构设计计算方法和流程如下:① 根据结构外形尺寸,完成网格结构三维空间模型的设计与建立;② 利用等效刚度法、有限元法(除了静力学,还可以对局部屈曲、结构缺陷、动力学特性、波传播特性等复杂力学行为进行分析)等分析方法对整体结构进行力学分析；③ 结合分析的结果，采用有限元等数值计算方法对结构的局部屈曲，开口、连接处的应力集中进行分析；④ 利用优化方法对网格的结构参数进行优化、迭代，确定最终结构参数；⑤ 制造测试样件，测试结构在目标载荷下的力学性能；⑥ 对实验结构进行评价，并进行修正设计。图 4.11 所示为网格结构设计计算的流程图。

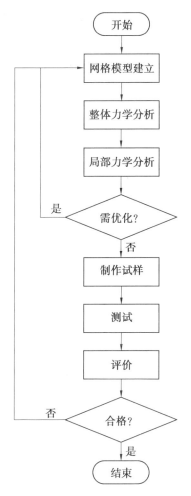

图 4.11　网格结构设计计算的流程图

由于网格结构的设计变量繁多，而且其中一些为离散变量，因此，在目前的研究中很难将所有变量综合考虑，得到性能最优的结构。通常情况下，仅考虑肋骨宽度、厚度、螺旋角、蒙皮铺层方向及厚度等对结构承载能力的影响。通过对含环向肋圆锥网格结构的优化设计，发现螺旋肋的螺旋角在 25° 附近，适当提高肋骨的厚度与宽度的比值，可以得到承载效率较高的结构。同样，提高圆柱网格结构肋骨的厚宽比，可以提高结构承载效率,而蒙皮对于提高结构的承载能力几乎没有作用。

理论设计的结果有时与实际结构有所差别,通过制造结构原型,进行载荷测试实验,可以帮助验证理论计算结果,修正有限元模型和设计参数。压缩载荷实验是网格测试中的典型实验,实验方法成熟,可以轻松获得结构的载荷-位移曲线并进行分析。对于结构的剪切、弯曲、扭转等载荷,要在实验中精确获得其变形信息较困难,随着测试技术的发展,获得结构在加载过程中的变形信息成为可能。

从网格结构的一般设计流程可以看出,无论是采用分析法还是有限元法,均未将网格结构的成型工艺作为一个设计因素融合到结构的设计中,而是通过实验等方式得到其对结构性能的影响,从而修正理论模型。采用不同工艺方法成型的网格的交叉点结构不尽相同,在结构设计中,结合工艺方法和工艺参数,建立不同的交叉点结构精确模型,不但可以提高结构性能预测精度,而且可以根据结构的载荷分布,优化交叉点处结构,改进结构的成型工艺参数,使网格结构的设计与工艺的关系更加紧密,充分发挥纤维增强树脂复合材料的性能。

可行的制备纤维增强复合材料网格结构的成型工艺方法有纤维缠绕工艺、纤维铺放工艺、套管模具加强工艺(TRIG)、拉挤互锁工艺(ICG)、层压板胶接工艺(SNAPSAT),各种工艺的优缺点如表4.1所示。

表 4.1　纤维增强复合材料网格结构成型工艺方法的优缺点

工艺方法	优点	缺点
纤维缠绕工艺	生产效率高,成本低,适于自动化生产,能够最大程度发挥纤维的性能	设备投资大,技术要求高,不易生产平板类网格结构零件
纤维铺放工艺	高效、高质量、高可靠性,既可以铺放小曲率平板类网格结构零件,也可以生产复杂网格结构零件	设备投资大,工艺复杂,成本较高
套管模具加强工艺	网格尺寸精确,肋条表面光滑	模具制造复杂,生产效率低,结构尺寸大
拉挤互锁工艺	生产成本低,可快速成型,解决了网格节点处纤维弯曲和纤维堆积的问题	仅能生产平板类零件,抗剪切性能差,加强肋的开槽处强度和刚度薄弱
层压板胶接工艺	制造工艺简单,生产成本低	网格结构的性能受到胶接工艺的影响

通过对比纤维增强复合材料网格结构的不同成型工艺,可以看出:虽然网格结构的性能优异,但是由于纤维增强复合材料成型工艺的特点,因此网格结构具有固有缺陷。当采用连续纤维工艺成型网格结构时,在网格的交叉点处通常有两个或两个以上方向纤维通过,会不可避免地在交叉点区域产生纤维堆积和架空,如图4.12所示。而采用非连续纤维工艺成型时,可以实现交叉点处与肋的等厚,但纤维的连续性遭到破

坏,同样降低了网格结构的承载能力。如何降低网格结构固有缺陷对结构性能的影响,一直是网格结构成型工艺研究的重点。

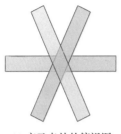
(a) 交叉点处的俯视图

(b) 交叉点处架桥

图 4.12　三个方向纤维在交叉点处相交

下面结合网格结构的特点对网格结构的连续纤维成型工艺进行分析。网格结构中的载荷都是沿着加强肋的方向传递,选择连续纤维复合材料制备网格结构可以最大程度上发挥材料的性能。连续纤维成型工艺制备网格结构时,网格结构的交叉点处具有以下特征。

一般情况下,网格结构的交叉点区域通常有两条或两条以上纤维束通过,使得节点区域结构变得较为复杂。交叉点区域有两条纤维束通过时,交叉点处的厚度为加强肋厚度的两倍,如图 4.13(a) 所示,图中数字表示该点纤维束的层数;交叉点区域有三条纤维束通过时,该区域会出现三种厚度,沿着交叉点到结构肋的方向,厚度逐渐递减,如图 4.13(b) 所示。交叉点处和结构肋处厚度的不同,采用纤维缠绕方式成型时,会导致网格结构中的纤维无法均匀压实。

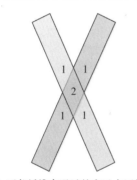
(a) 两条纤维束通过的交叉点区域

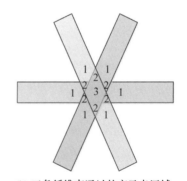
(b) 三条纤维束通过的交叉点区域

图 4.13　交叉点区域厚度变化

多条纤维经过交叉点区域时,还会产生影响网格结构性能的另一个重要缺陷,即纤维架空现象。由于两条纤维束和三条纤维束通过的节点区域厚度分布不同,所产生的纤维架空现象也不同。图 4.14(a) 所示为两条纤维束通过的交叉点区域的架空现象示意图,截面取自纤维束宽度方向的中间位置。三条纤维束通过的交叉点区域架空现象较为复杂,有两种情况,分别如图 4.14(b) 和图 4.14(c) 所示,图 4.14(b) 的截面位置取自纤维束宽度方向的中间处,图 4.14(c) 的截面位置取自纤维束的宽度方向的四分之一处。图中数字表示了该处具有的纤维铺层方向个数,1 表示该处仅有一个方向的纤维束通过,2 表示该处有两个方向的纤维束通过。通过分析可知,通过某点的纤维方向越多,铺层所产生的架空缺陷越多。而且对于铺层方向固定的结构,随着铺层数目的增加,纤维的架空缺陷有增多的趋势。因此,为改善纤维在交叉点处的架空现象,当交叉点处有三条及三条以上纤维束通过时,可以将其中的一条肋偏移,使得在交叉点处仅有两条纤维束通过。

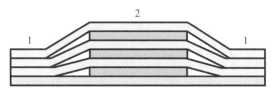

(a) 两条纤维束通过的交叉点区域架空现象示意图

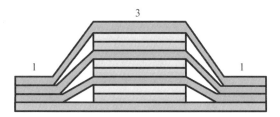

(b) 三条纤维束通过的交叉点区域架空现象示意图1

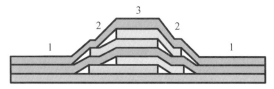

(c) 三条纤维束通过的交叉点区域架空现象示意图2

图 4.14　交叉点区域不同的纤维架空现象

利用缠绕工艺制备网格结构时,自动化的缠绕方式要求在成型过程中不断纱、不停机。在缠绕具有环向肋网格结构时,纤维由螺旋肋凹槽进入环向肋凹槽,便出现了纤维弯曲,这就使该处的架空缺陷的产生更为复杂。而且缠绕成型具有轴向肋的网格结构时,由于轴向肋与芯模轴向平行,属于零角度缠绕,在缠绕工艺中,很难实现纤维的零角度缠绕,无法保证缠绕的角度和缠绕制品的质量。

通过以上对于连续纤维成型网格结构工艺特点的分析,交叉点区域纤维的堆积、架空是连续纤维制备网格结构的固有缺陷。网格结构成型难点在于如何尽量减小交叉点区域架空现象,实现交叉点处和加强肋处结构的等厚,并且能够减少成型过程中的人为参与,实现自动化成型。若要改善交叉点处结构性能,需要对交叉点区域的线型进行设计,改进缠绕工艺方法与装备。

4.6　网格结构缠绕的数学模型

三角形网格结构图案是应用最广泛的网格结构图案,可以将其看作是在菱形网格结构图案的基础上增加环向肋发展而来的。而圆柱网格结构是应用最广泛的网格结构,下面对三角形圆柱网格结构缠绕的数学模型进行推导。

在实际缠绕的过程中,缠绕菱形图案的圆柱网格结构时,可以选择不同的缠绕线型实现相同的网格结构图案。从芯模类型角度可以将线型分为两类:一类是带封头的圆柱网格模具;另一类是无封头的圆柱网格模具。缠绕带封头的圆柱网格模具时,纤维可以在封头处转向,实现螺旋肋的连续缠绕。它的缠绕方法和传统的螺旋缠绕线型相同,仅需按照网格结构图案缠绕固定的循环即可。缠绕无封头的圆柱网格模具时,通过在模具的两端设计挂纱结构,纤维在挂纱结构处转向,实现螺旋肋的连续缠绕。

4.6.1　无封头的圆柱网格结构缠绕数学模型

缠绕无封头圆柱网格结构芯模时,模具的端头处需要设计挂纱结构,常见的挂纱结构有:径向挂纱钉、轴向挂纱钉、模具挂纱等,如图 4.15 所示。无论采用哪种挂纱形式,都可以采用相同的缠绕模型进行分析,建立统一的数学模型。

(a) 径向挂纱钉结构　　　　(b) 轴向挂纱钉结构　　　　(c) 模具挂纱结构

图 4.15　具有不同挂纱结构的缠绕芯模

为了便于对网格结构的线型进行分析,现对一些概念做如下约定。在圆柱网格结构缠绕成型过程中,将纤维均匀布满芯模表面所有凹槽时,纤维所走过的轨迹称为一个完整的缠绕循环。将纤维由网格结构一端的某一挂纱结构出发,经过若干凹槽,再次回到该点时所走过的纤维路径称作该网格结构的一个标准线型。在一个完整的缠绕循环中,可以含有 $U(U \geqslant 1)$ 个标准线型。记 ϕ 为标准线型中的一个子循环芯模所转过的夹角(子循环:纤维由芯模一侧的挂纱结构出发,经若干凹槽后,回到芯模这一侧的与其时序相邻的挂纱结构),则

$$L\psi = 2\pi K \tag{4.1}$$

式中　L——标准线型中子循环的个数；

　　　K——标准线型中芯模转过的圈数。

对于一个标准线型来讲，其子循环的个数是有限的，当且仅当存在唯一的正数 L 和 $K(0 < K \leqslant L)$ 使得式（4.1）成立，其中 L 是满足上式的最小正整数。

在圆柱网格结构中，螺旋肋的个数为 n，那么网格结构一侧挂纱点数与螺旋肋个数的关系为

$$N = n/2 \tag{4.2}$$

取圆柱芯模中，过芯模一侧挂纱点的截面圆，挂纱点将该截面圆均匀分为 N 等份，每份所转过的缠绕中心角 θ 可记为

$$\theta = 2\pi/N \tag{4.3}$$

在每个标准线型的子循环中，芯模所转过的夹角 ψ 可记为

$$\psi = (m-1+r)\theta \tag{4.4}$$

式中　m——网格结构中环向肋或虚拟环向肋的个数；

　　　r——纤维在模具端头挑纱时经过挂纱点等分圆弧的个数。

将式（4.1）、式（4.3）代入式（4.4），可得到

$$\frac{(m-1+r)}{N} = \frac{K}{L} \tag{4.5}$$

当一个圆柱网格结构设计完成时，它的结构尺寸、网格图案已经给定，即式（4.5）中的 m、N 已知。r 与纤维在模具端头的挑纱线型有关，确定纤维挑纱线型后，根据式（4.5），便可求出标准线型中芯模所转过的圈数 K、子循环个数 L。当 K、L 确定时，该网格结构所选定的标准线型便确定下来。

在一个缠绕子循环中，可以完成两条螺旋肋的缠绕，则网格结构螺旋肋的数目 n 和标准线型个数 U 之间的关系为

$$U = \frac{n}{2L} \tag{4.6}$$

以虚拟环向肋的个数 $m=5$、螺旋肋个数 $n=12$ 的菱形图案圆柱网格结构为例。当纤维在模具挑纱结构处选择 $60°$ 转向角作为挑纱线型时，由式（4.5）计算可得 $L=3$，$K=2$。由此可知其标准线型由三个子循环组成，芯模转过两圈。根据网格结构肋的数目与标准线型之间的关系可知纤维轨迹可由两个标准线型组成，如图 4.16（a）所示，红色和蓝色分别标记了两个标准线型，其中箭头的方向表示缠绕时纤维轨迹的走向。纤维在模具挑纱结构处还可以选择 $120°$ 转向角作为挑纱线型，由式（4.5）可得 $L=1$，$K=1$。由此可知其标准线型由一个子循环组成，芯模转过一圈。根据网格密度与标准线型之间的关系可知其纤维轨迹可由六个标准线型组成，分别用不同的颜色对每个标准线型进行了区分，如图 4.16（b）所示。通过对比可知，即使是相同网格图

案,选择的挑纱线型不同,在一个完整缠绕循环中,芯模转过的角度有所不同,这会对环向肋和螺旋肋同时缠绕的铺层设计产生很大影响。

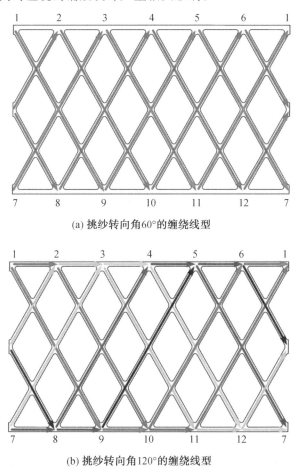

(a) 挑纱转向角60°的缠绕线型

(b) 挑纱转向角120°的缠绕线型

图 4.16　菱形网格结构缠绕线型($[m,n]=[5,12]$)(彩图见附录)

4.6.2　带封头的圆柱网格结构缠绕数学模型

缠绕成型圆柱网格结构时,若选用带封头结构的芯模,纤维可以在封头处实现转向。利用封头转向的纤维缠绕标准线型与传统的螺旋缠绕线型一致,仅需考虑如何均匀布满芯模表面所有凹槽。

纤维从芯模一端封头极孔处某一切点出发,按设定轨迹缠绕至芯模另一端封头极孔处某切点时芯模所转过的角度称为芯模的单程线缠绕中心角(简称单程角)θ_t,纤维再次回到芯模初始一端封头极孔处某切点时,又转过单程角 θ_t,在这个过程中,芯模共转过 $\theta_j=2\theta_t$,这样就完成了一个标准线型中的子循环。单程角 θ_j 由两部分组成:一部分为缠绕芯模筒身段所转过的角度 γ；另一部分为缠绕两侧封头时，芯模所转过的角度 β，记 $\theta_t = \gamma + \beta$。设芯模圆柱筒身段的长度为 l，计算可得

$$\gamma = \varphi = \frac{360°l}{\pi D} \times \tan \alpha \qquad (4.7)$$

选用带封头芯模缠绕成型网格结构时，设计芯模两端封头的结构尺寸相同，利用平面假设法，计算封头处芯模所转过的角度为

$$\beta = 2\{\arcsin[(l_e \tan \alpha - r)/R] + 90°\} \qquad (4.8)$$

式中　l_e——封头高度；

　　　α——圆筒段缠绕角；

　　　r——极孔半径；

　　　R——圆筒直径。

由式(4.7)、式(4.8) 得

$$\theta_t = \frac{360°l}{\pi D} \times \tan \alpha + 2\{\arcsin[(l_e \tan \alpha - r)/R] + 90°\} \qquad (4.9)$$

根据芯模参数及缠绕角，可以计算出单程线缠绕中心角 θ_t。一个理想的标准线型中，芯模的缠绕中心角 $2K\pi$ 应该是 θ_t 的整数倍，故需要根据线型表对 θ_t 进行修正。如表 4.2 所示，给出了 θ_j 和切点的对应关系，由式(4.9)计算得到 $2\theta_t$，在表中查到与 $2\theta_t$ 相近的 θ_j 的值，确定 θ_j 和相应的切点数。切点数决定了螺旋缠绕的标准线型中螺旋线的个数，所以为了能够使纤维均匀铺满芯模表面的凹槽，切点数 j 与网格结构螺旋肋的数目 n 需满足如下关系：

$$n = 2Uj \qquad (4.10)$$

式中　U——纤维均匀铺满一层时，缠绕标准线型的个数，$U \geqslant 1$。根据 $2\theta_t$ 的取值与式(4.10)的关系，可以确定最终的 θ_j 和相应的切点数。

表 4.2　缠绕线型表

切点数 j	1	2	3	3	4	4
转角 θ_j	360°	180°	120°	240°	90°	270°
切点数 j	5	5	5	5	6	6
转角 θ_j	72°	144°	216°	288°	60°	300°

查表选取的 θ_j 为 $2\theta_t$ 的近似值，为满足缠绕线型，需要通过调整芯模的几何尺寸或改变缠绕角使二者相等。一般情况下，当一个网格结构设计完成后，纤维的缠绕角和芯模的直径不允许改变。因此，可以选择如下两种方法进行调整。

(1) 调整芯模圆柱段长度，在其他参数不变的情况下，式(4.9)计算得筒体长度变化：

$$\Delta l = \frac{\theta_t - \theta_j/2}{360°} \times \frac{\pi D}{\tan \alpha} \qquad (4.11)$$

(2)调整芯模封头结构,如极孔半径 r、封头高度 l_e 等,将 θ_j 代入式(4.9)采用试算法计算得到

$$\theta_j = \frac{720°l}{\pi D} \times \tan \alpha + 4\{\arcsin[(l_e \tan \alpha - r)/R] + 90°\} \tag{4.12}$$

完成一个 j 切点的标准线型,绕丝嘴需要往返 j 次,即包括子循环的数目 $L = j$。每个子循环芯模所转过的角度为 θ_j,缠绕一个标准线型芯模所转过的圈数为

$$K = \frac{L\theta_j}{2\pi} \tag{4.13}$$

4.6.3　含环向肋的圆柱网格结构缠绕数学模型

采用纤维缠绕工艺制备网格结构时,由于缠绕过程中是由一束连续纤维缠绕成型,根据所选环向肋和螺旋肋切换方案的不同,可将工艺方案分为三种:第一种是环向肋和螺旋肋直接切换工艺方案;第二种是过渡肋的工艺方案;第三种是环向肋和螺旋肋同时缠绕的方案。

第一种方案是在螺旋肋缠绕过程中直接完成环向肋的切换。如图 4.17 所示,为一条纤维束从模具螺旋肋与环向肋的节点作为起始点,缠绕方向始终朝向模具的单一方向,本例中是朝向右侧。在缠绕每层纤维最后几条螺旋肋时,在螺旋肋和环向肋的交叉节点处转向缠绕环向肋,完成模具上所有肋槽均匀布满。本例是在节点“21”“22”和“23”处从缠绕螺旋肋转向缠绕中间三条环向肋。

此种方案能保证纤维的连续缠绕,并实现肋条每层的均匀布满,但是在拐点处纤维发生弯曲,此段的弯曲纤维轨迹不再是圆柱面上的测地线轨迹,所以会向肋槽的一侧堆积,造成肋条节点处的力学性能严重下降。由图 4.17 可知,在拐点处的螺旋肋和环向肋纤维层并不连续,需在缠绕每层纤维时改变拐点的位置,即使如此,仍会影响肋条的力学性能。

第二种方案是采用过渡肋的工艺方案,由于三角形网格结构螺旋肋和环向肋的缠绕角相差过大,因此由螺旋肋直接过渡到环向肋时较为困难,且纤维弯曲过大。过渡肋工艺方案是在现有网格结构的基础上增加一条与螺旋角度较小的螺旋肋作为螺旋肋和环向肋的连接工艺肋。采用螺旋过渡肋作为工艺肋进而保证螺旋肋与环向肋连续缠绕。首先完成螺旋肋的均匀布满,然后丝束通过挂纱钉进入螺旋过渡肋槽,以过渡肋与环向肋相交的节点为拐点逐条缠绕环向肋条。此方案为单丝束缠绕,在端面通过挂纱钉转向来保证螺旋肋连续缠绕。过渡肋独立于产品之外,对结构的整体力学性能影响较小,可在缠绕完成并固化后采用机加工的方式裁去。

第三种方案是环向肋和螺旋肋同时缠绕方案。对于含有环向肋的网格结构,理想的缠绕成型方式是既能够实现环向肋与螺旋肋的连续缠绕,纤维又不会在交叉点区域弯曲。因此,设计多丝嘴缠绕方案替代传统的单丝嘴缠绕方案,如图 4.18 所示。在多

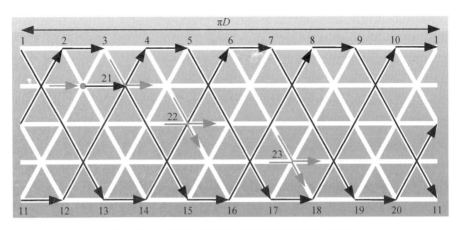

图 4.17　螺旋肋和环向肋直接切换缠绕轨迹图

丝嘴缠绕方案中,伸臂丝嘴完成螺旋肋的缠绕,固定丝嘴完成环向肋的缠绕。

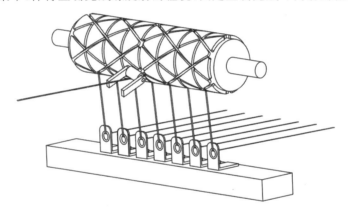

图 4.18　多丝嘴缠绕方案

多丝嘴缠绕成型网格结构,网格结构的环向肋和螺旋肋同时成型,若要使纤维均匀铺满芯模表面所有凹槽,要求环向肋缠绕和螺旋肋缠绕有恰当的缠绕节拍。铺满所有螺旋肋凹槽时,芯模所转过的圈数包括两部分:一部分是缠绕标准线型所转过的圈数;另一部分是两个标准线型之间过渡所转过的圈数。在已知网格结构的环向肋和螺旋肋的数目 $[m,n]$ 时,缠绕标准线型转过的圈数 K_b 为

$$K_b = KU \qquad (4.14)$$

两个标准线型之间过渡所转过的圈数 K_g 为

$$K_g = \frac{(U-1)\theta}{2\pi} \qquad (4.15)$$

所以,纤维均匀铺满螺旋肋凹槽时,芯模转过的圈数为

$$K_h = K_b + K_g = KU + \frac{(U-1)\theta}{2\pi} \qquad (4.16)$$

由式(4.16)可知,当螺旋肋铺满一层时,环向肋已经铺满 K_h 层,若采用相同厚度的纤维缠绕,会导致环向肋的厚度远远超过螺旋肋的厚度。设缠绕螺旋肋所采用的纤维厚度为 h_a,缠绕环向肋所采用的纤维厚度为 h_b,令螺旋肋和环向肋厚度相等,得到两者纤维厚度的关系为

$$h_a = K_h h_b \qquad\qquad (4.17)$$

图 4.19 所示为环向肋个数 $m=5$,螺旋肋个数 $n=12$ 的圆柱网格结构展开图。芯模挂纱结构选择模具挂纱,纤维在挂纱结构处转向角为 $60°$。不同颜色分别代表了四种不同的线型,其中蓝色和红色表示两个标准线型,黄色表示连接两个标准线型的过渡线型,绿色表示环向肋缠绕线型。由式(4.16)可知纤维铺满凹槽一层时,芯模所转过的圈数 $K_h = 4.17$,所以设计缠绕螺旋肋纤维束厚度为环向肋纤维束厚度的 4.17 倍。

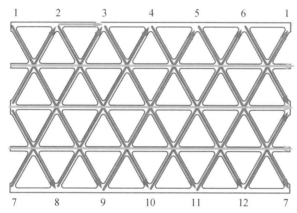

图 4.19　环向肋个数 $m = 5$,螺旋肋个数 $n = 12$ 的圆柱网络结构展开图(彩图见附录)

若纤维在挂纱结构处的转向角选择 $120°$,由式(4.16)可以计算出,当纤维铺满凹槽一层时,纤维共完成了六个标准线型,芯模所转过的圈数 $K_h = 6.83$,所以设计缠绕螺旋肋单层纤维束厚度为环向肋纤维束厚度的 6.83 倍。

由上述分析可以看出,对于网格密度 $[m,n] = [5,12]$ 的圆柱网格结构,由于采用模具挂纱结构,在其结构端头处无法成型完整的环向肋,部分环向肋是由纤维在模具封头处转向实现的。纤维弯曲产生的堆积与架空问题和没有完整的环向肋结构,都会导致圆柱网格结构性能下降,成为薄弱环节。因此无论采用哪种结构形式的芯模端头制备圆柱网格结构,考虑到结构的性能,在完成网格结构设计后,应当在结构的两端各延长一条环向肋结构,将此图案作为网格结构模具的设计依据。在网格构件成型后,将两端由纤维换向形成的结构切除,得到设计的网格结构。

4.7   网格结构缠绕成型工艺

纤维缠绕工艺是网格结构成型最主要的自动化成型方式,缠绕模具对网格结构的最终质量和自动化程度有很大影响,网格结构缠绕成型工艺的发展伴随着网格模具材料与结构的进步。

4.7.1   网格结构无模具缠绕

俄罗斯特种机械中央研究院在 1981 年制造了第一个用于火箭级间段的复合材料网格结构,该结构采用自由肋成型工艺,即无模具成型,如图 4.20 所示,其直径为1 300 mm,长度为 1 400 mm。采用无模具缠绕成型的网格结构,虽然结构的承载效率较壳体结构有所提升,但多个方向的纤维在网格交叉点处汇集,导致纤维在该处堆积,并且肋骨中纤维出现架空,使得肋条的纤维体积分数较低,结构质量较差。

图 4.20   自由肋成型

4.7.2   硅胶软模模具

20 世纪 90 年代早期,美国空军 Phillips 实验室开发了硅胶软模模具,该模具是将硅胶软模覆在圆柱芯模的表面,作为网格结构成型模具,如图 4.21 所示。缠绕成型时,将纤维铺覆在模具的沟槽中,由于硅胶模具和缠绕完成的网格结构共同经历固化过程,硅胶受热膨胀,从侧面挤压纤维,从而提高肋中的纤维体积分数,改善纤维树脂含量分布不均现象,从而减少网格结构中的缺陷。硅胶软模模具的出现极大地推动了网格结构成型工艺的发展。

早期硅胶软模模具的尺寸精度较低,导致纤维很难准确铺覆在模具的沟槽内,影响了其在网格结构自动化缠绕中的应用。但随着材料工艺的不断发展,硅胶模具的精度已经可以满足自动化成型的要求。意大利航空航天研究中心(Italian Aerospace

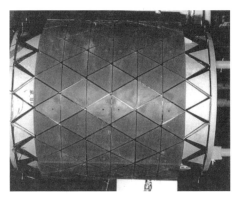

图 4.21　硅胶软模法制备复合材料网格结构

Research Centre,CIRA) 开发的可用于机器人缠绕的硅胶软模模具由铝制圆柱芯模和硅橡胶软模两部分组成,硅胶软模模具装配在铝制芯模的表面,如图 4.22 所示。

图 4.22　可用于机器人缠绕的硅胶软模模具

4.7.3　混合模具和膨胀块模具

为解决网格肋骨中纤维的压实问题,美国空军 Phillips 实验室开发了两种应用更加灵活的模具形式:混合模具和膨胀块模具。混合模具是将两种不同的模具材料组合在一起,选用硬质材料作为基体,选用硅橡胶等作为膨胀材料,首先在基体上加工出容纳纤维的沟槽,然后将膨胀材料浇铸在沟槽表面,形成最终模具,如图 4.23 所示;而膨胀块模具由基体和膨胀块两部分组成,基体模具采用稳定的高刚度材料,膨胀块采用高热膨胀系数材料,膨胀块可以通过螺栓等安装在基体模具上,如图 4.24 所示。

混合模具充分发挥了两种材料的优点,既能够加工形状复杂、尺寸精确的沟槽,又可以在固化时压实纤维,缺点是膨胀材料在沟槽中浇铸工艺较为复杂。与混合模具相比,膨胀块模具的制备和使用过程更加简单、灵活,网格沟槽既可以在缠绕前成型,也可以在缠绕后装配在基体芯模上。这两种模具不但可以用于圆筒网格结构的制备,还可以实现圆锥或双曲面等更复杂曲面网格结构的成型。同硅胶软模一样,二者也是利

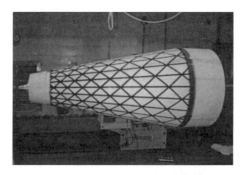

图 4.23　混合模具法制备圆锥网格结构

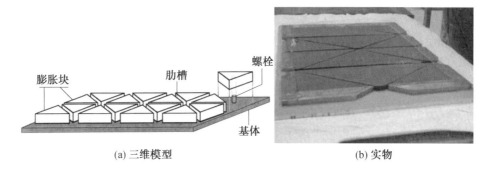

(a) 三维模型　　　　　　　　　　　　　(b) 实物

图 4.24　膨胀块模具

用在固化过程中模具的热变形来实现纤维的压实,因此,均需要对模具的尺寸和变形进行详细计算,从而减少最终结构的变形和应力。

4.7.4　销钉增强模具

销钉增强(PEG)工艺是在网格结构模具的交叉点处设置销钉,使纤维从销钉的两侧通过,从而减少纤维在交叉点处的堆积厚度的一种网格结构成型工艺方法,如图4.25所示。该方法是利用改变纤维在交叉点处轨迹的方式来改善纤维的堆积与架空,但纤维的弯曲偏移会导致其向销钉一侧聚集。因此,并未完全实现纤维交叉点处和肋的等厚,而且交叉点处纤维的弯曲在一定程度上影响了纤维性能的发挥,同时,销钉的存在也不利于自动化缠绕轨迹的设计。这种纤维在交叉点处弯曲偏移的方案更适用于网格结构的铺放成型。

4.7.5　套管增强模具

套管增强模具(TRIG)成型方法是一种利用纤维增强复合材料管作为网格结构模具的工艺方法。该方法先利用纤维制备截面形状为三角形或正方形的复合材料套管,然后根据圆柱模具轮廓的曲率切割套管,如图4.26(a)所示。将这些切割好的套管安装在芯模表面,形成网格图案模具。利用湿法缠绕的方式,在套管模具形成的沟

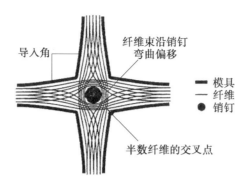

图 4.25　销钉增强工艺

槽中填充纤维,如图 4.26(b) 所示,最后,纤维和套管模具共同固化形成网格结构的肋骨。由于在该方法中起模具作用的复合材料套管最终成为结构的一部分,因此,在套管中铺覆纤维时,纤维的轨迹和形态不会影响结构的尺寸精度,成型的结构表面质量良好。但其模具制备过程较为复杂,而且受到套管尺寸限制,仅能成型截面尺寸较大的肋骨结构。

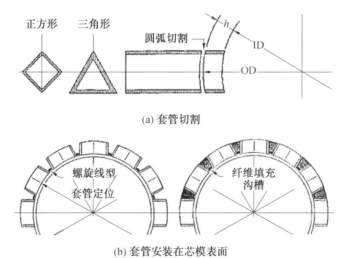

(a) 套管切割

(b) 套管安装在芯模表面

图 4.26　套管增强模具工艺
ID— 切割内径;OD— 切割外径;h—纤维填充沟槽深度

4.7.6　石膏网格模具

石膏网格模具是纤维缠绕中一种常用的模具。石膏网格模具首先利用浇筑工艺制备圆柱石膏模具,然后利用缠绕机上加装的车刀在芯模表面车削菱形沟槽,如图 4.27 所示,最后通过缠绕实现网格结构成型。原位加工石膏模具能够有效保证复合材料制品的尺寸精度,并且容易脱模,成本低廉。石膏网格模具的封头既可以采用传统曲面封头结构,也可以采用销钉挂纱引导纤维转向,与封头结构相比,销钉挂纱可以减少缠绕纤维用量。

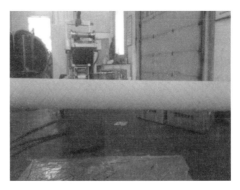

图 4.27　石膏网格模具

4.7.7　金属网格模具

用于网格结构成型的金属模具较为复杂,一般由阳模、阴模、压环等结构组成,网格结构在阳模、阴模、压环的共同挤压作用下固化成型。金属网格模具的优点是尺寸精度容易控制,加工成型产品表面质量光滑;缺点是在固化过程中,模具和材料一起经历固化过程,由于金属模具轴向和径向的膨胀系数不一致,为获得设计的结构尺寸,需要对模具沟槽的角度进行修正,进行模具迭代,设计过程较为复杂,模具成本较高。

4.7.8　环氧树脂模具

环氧树脂模具是一种新型的网格结构模具,可以实现较高的尺寸精度,如图 4.28所示。环氧树脂模具和环氧树脂/纤维网格结构的热膨胀系数更为相近,有利于减少网格结构成型过程中的变形和应力,并且能够得到较好的肋条表面质量。由于模具与结构需要共同经历固化过程,需要综合考虑固化温度、固化压力、结构脱模等因素来选择模具的树脂体系。

4.7.9　可折展模具

采用金属模具和树脂模具成型圆筒网格结构时,传统的设计方法是将模具设计成可拆卸的几个部分,利用法兰将它们拼接在一起,脱模时拆开即可,实现模具的重复利用。可折展模具可根据缠绕工艺的需要进行折展,辅助完成网格结构的缠绕和脱模,模具结构如图 4.29 所示。

综上,网格结构模具由最初的挂钉无模具缠绕逐渐发展出以橡胶、树脂、石膏、金属等一种材质或多种材质组合的模具。表 4.3 对比了不同网格结构缠绕模具在尺寸

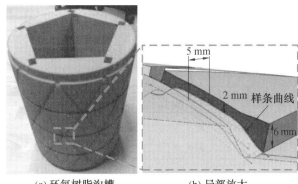

(a) 环氧树脂沟槽　　　　(b) 局部放大

图 4.28　环氧树脂模具

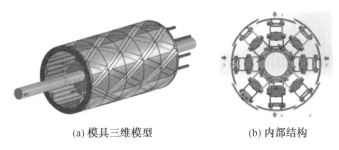

(a) 模具三维模型　　　　(b) 内部结构

图 4.29　用于网格结构成型的可折展模具

精度和表面质量、可重复利用性、成型工艺性、压实能力、成本等不同方面的情况。将其分为三个等级，由劣到优分别用一星、二星、三星进行评价。可以看出，膨胀块模具和硅胶软模模具是网格结构缠绕模具的首选，其中膨胀块模具应用灵活，能够适应复杂的网格结构；而对于圆柱和平板网格结构，硅胶软模模具则更合适，并且二者均能够在固化中压实肋骨，提高结构性能。目前，网格结构缠绕模具的特点是制备工序较烦琐、劳动力密集、成本较高，因此，成本低廉、可重复利用性好、便于操作的模具是未来重要的发展方向。

表 4.3　网格结构缠绕模具对比

类型	尺寸精度和表面质量	可重复利用性	成型工艺性	压实能力	成本
硅胶软模模具	★★	★★	★★★	★★★	★★
混合模具	★★★	★★	★	★★	★
膨胀块模具	★★★	★★	★★	★★★	★★
销钉增强模具	★	★★	★★	★	★★★
套管增强模具	★★	★	★	★	★

续表4.3

类型	尺寸精度和表面质量	可重复利用性	成型工艺性	压实能力	成本
石膏网格模具	★★	★	★★★	★	★★★
金属网格模具	★★★	★★★	★	★	★★
环氧树脂模具	★★★	★★★	★	★	★
可折展模具	★★★	★★★	★	★	★

注:由劣到优分别用一星、二星、三星进行评价,★越多优势越大。

4.8 网格结构的纤维缠绕装备

根据网格结构缠绕工艺方案的不同,所使用的纤维缠绕装备也有所差别。采用环向肋和螺旋肋直接切换工艺及过渡肋工艺方案时,使用四轴及以上的卧式纤维缠绕机即可完成缠绕成型,但要求缠绕装备的模具回转轴回转精度需满足一定要求(具体指标需要根据模具的直径进行测算),否则可能会造成纤维不能准确地占据槽的中央位置。采用环向肋和螺旋肋同时缠绕时,需要对缠绕机进行改造,增加环向肋缠绕丝嘴,同时开发相应的网格结构缠绕 CAM 软件,使环向肋和螺旋肋能够根据工艺需求同时成型。图 4.30 所示为哈尔滨工业大学开发的多丝嘴网格结构干法缠绕样机。

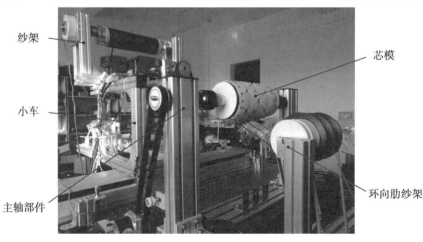

图 4.30　多丝嘴网格结构干法缠绕样机

4.9　网格结构的铺放／缠压装备

网格结构缠绕时在交叉点处存在架空、难以压实等缺陷,使用湿法缠绕时,可以利用固化时树脂重新分布、模具压实肋条等工艺方法改善结构性能。对于干法缠绕,树脂重新分布无法完全填充交叉点附近的孔隙,采用铺放或缠压装备来压实交叉点结构,可以有效降低结构缺陷。铺放或缠压装备主要是针对预浸料的干法缠绕,它可以将预浸窄带或者预浸丝束精准地铺设在模具的沟槽内,并辅以必要的裁剪、重送功能,便于环向肋和螺旋肋的缠绕。利用其工艺特点,有望解决交叉点处的纤维堆积问题。

铺放工艺制备纤维复合材料网格结构时,要求铺放头按照芯模的沟槽轨迹准确地将预浸带铺放在凹槽内。针对网格结构的独有特征,网格结构的铺放工艺具有以下特点:

(1)网格结构有纵横交错的加强肋结构,一般每条肋结构由单丝铺放成型,采用传统铺放头铺放,每次仅能够完成一条肋或少数几条肋的铺放。同时铺放多条肋时,肋间距会受到压辊结构限制。为提高网格结构的铺放效率,实现多条加强肋同时铺放,网格铺放头宜采用独立压辊,并具有扩展性,可以根据网格结构同方向加强肋的多少扩展单丝铺放头的数量。

(2)网格结构的网格图案、网格密度不同,它们肋的间距也有所不同,为了增加铺放头的通用性,要求每个单丝铺放头之间的距离可调节,以实现不同肋间距网格结构的铺放。

(3)网格结构不同方向的加强肋汇集到一点时,由于多束纤维同时经过,纤维在交叉点处产生堆积与架空。在铺放成型工艺中,改善纤维堆积与架空现象有两种方法:一是在交叉点前对纤维进行裁剪,经过交叉点后,重送纤维,实现交叉点区域和肋等厚;二是改变交叉点处的工艺参数,如增大交叉点区域铺放压力,将该区域的纤维压得更加紧密,改善纤维的架空现象。前者虽然实现了交叉点区域和肋的等厚,但由于裁断了纤维,破坏了纤维的连续性,还会增加该区域的孔隙,无法充分发挥出纤维的强度,从而降低结构的性能;后者可以在保证纤维连续性的同时,使得交叉点区域更加密实,减小该处的架空,增强结构的性能。因此,要求铺放头的铺放工艺参数在铺丝过程中可以实时控制。

(4)在网格肋的铺放过程中,随着肋高度的增加,在铺放压力的作用下,已经铺好的加强肋会向两侧倾倒,无法保持铺放过程中网格肋的稳定。所以网格结构的加强肋需要在模具的凹槽中铺放,压辊的宽度需要适应模具凹槽的宽度,能够深入到凹槽内,完成加强肋的铺放。

对于网格结构铺放成型,按照丝束的数量可以分为多丝束铺放头网格铺放工艺和单丝束铺放／压缠工艺。

多丝束铺放头网格铺放工艺是一种网格结构无模具成型工艺。该工艺采用多丝束铺放头直接铺放,无须对设备进行改造。由于筋条没有模具支撑,随着筋条厚度增加,压辊压力、轨迹准确度等都会影响筋条稳定成型,导致筋条失稳,如图4.31(a)所示。使用该工艺时要合理地控制工艺参数,使筋条稳定成型,如图4.31(b)所示。

(a) 不稳定的筋条   (b) 稳定的筋条

图 4.31　网格筋条的无模具成型

该工艺的优点是无须网格结构专用设备,无须对多丝束铺放头进行改造,无须网格结构专用模具。在铺设含蒙皮网格结构时,可提高铺设效率。但由于该工艺是采用无模成型,在铺设筋条时无法施加较大的铺放压力,很难在交叉点处采用增大铺设压力的方式调节交叉点厚度,一般采用交错裁剪的铺层方式实现交叉点等厚,影响网格结构的强度。如图 4.32 所示,为网格结构在机身壁板网格结构无模铺放中的应用。

单丝束铺放网格结构的设备形式主要有两种:一种是将多丝束铺放头压辊改造,将原有压辊更换为窄辊,安装在对应丝束通道位置;另一种是单丝窄带铺放头,铺放装置仅有一路纱路,利用窄辊铺放。图 4.33 所示为单丝束铺放头铺放网格结构。该工艺的优势是可在网格节点处裁剪重送,可使用网格模具成型,这样既可采用交错裁剪铺层实现交叉点等厚,又可控制交叉点压力与轨迹,并且交叉点处压力可控。其缺点是铺放头体积大,模块化扩展困难。

单丝束压缠工艺一般为单丝束缠绕头,其缠绕的绕丝嘴更换为窄辊,便于压辊进入网格模具的沟槽内。图 4.34 所示为机器人网格结构压缠装置。一些网格缠绕装置还将压辊装于气缸上,如图 4.35 所示,可以在缠绕时对纤维施压,其优势是压辊可以进入沟槽,除利用张力外,还可以利用压辊压实材料。装备结构简单,可使用预浸带、预浸丝束、干纤维等多种原材料。但由于装备没有裁剪重送等设置,无法对材料进行自动裁剪和重送。

(a) 机身壁板

(b) 无模铺放

图 4.32 网格结构的无模铺放

图 4.33 单丝束铺放头铺放网格结构

模块化网格铺放头是专用网格铺放装置,其结构小巧,单头宽度小,便于扩展,可实现多条网格筋同时铺放,提高生产效率。并且可以对交叉点处的压力、轨迹进行控制,通过交叉点处和筋条处不同位置的压力调节,可实现网格交叉点处等厚。图4.36所示为双头网格专用铺放装置。该工艺的缺点是需要设计单独的网格铺放装置,结构较为复杂。

(a) 机器人压缠回转体　　　　　　　　　　　　(b) 压缠过程

图 4.34　机器人网格结构压缠装置 1

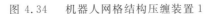

图 4.35　机器人网格结构压缠装置 2

　　哈尔滨工业大学研制的模块化网格铺放头,如图 4.37 所示,其由重送机构、剪切机构、夹紧机构、导向机构、压紧机构、加热机构等组成。铺放过程中压辊对纤维的压实力来自于压紧气缸,铺放头装置安装在气缸的执行末端,通过调整压紧气缸的气压,实现铺放压力的调节。纤维束由固定纱路进入铺放头后,经导向机构进入压辊下方。

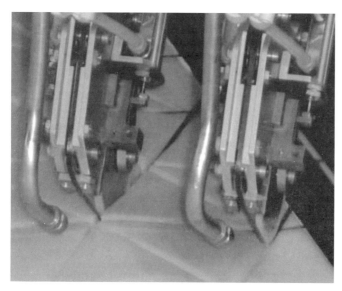

图 4.36　双头网格专用铺放装置

铺放头采用了主副压辊切换的重送机构,该重送机构由主压辊、副压辊、旋转切换气缸组成。它的工作原理如下:铺放头在起始工作位置时,处于副压辊工作状态。副压辊为铺放压辊,夹紧机构夹住丝束,铺放头运动到铺丝起点,铺放头下落,副压辊将纤维压在模具表面。夹紧机构撤回,在副压辊的作用下铺放一段距离后,在切换气缸的作用下,完成主、副压辊的切换和纤维重送。此后机构处于主压辊工作状态,由主压辊将纤维铺放压实在模具表面。该结构实现的重送功能是将纤维拉伸到指定位置,不会产生堵丝问题。

　　为实现纤维束的顺利剪断,需要纤维束保持一定的张力,并且能够避免纤维在剪断后回抽。在剪断纤维前,首先要将纤维束夹紧。纤维束的裁剪位置在主、副压辊之间,因此采用了摆杆式夹紧机构。在夹紧气缸的作用下,摆杆机构将挡块推出,挡块到位后,硅胶压块将纤维束压在挡块上,实现纤维束的夹紧。纤维束夹紧后,斜刃切刀在剪切气缸作用下弹出,利用冲裁和切割的作用将纤维束剪断。切刀和夹紧机构共同完成纤维的剪切动作。图 4.38 所示为哈尔滨工业大学开发的模块化网格铺放头样机。

　　单个网格结构铺放头可实现单条肋的缠绕,成型效率较低。由于哈尔滨工业大学开发的模块化网格铺放头样机机头采用了模块化独立设计,可以根据网格结构形式和生产工艺的需求,进行扩展。图 4.39 所示分别为平板构件和回转构件铺放系统扩展示意图。

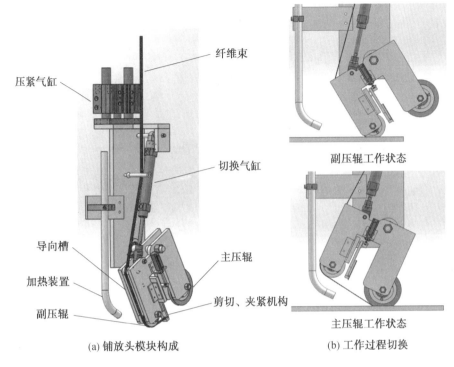

图 4.37　模块化网格铺放头

图 4.38　哈尔滨工业大学开发的模块化网格铺放头样机

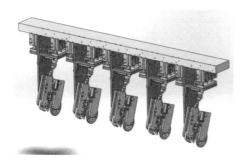

(a) 平板构件铺放系统

(b) 回转构件铺放系统

图 4.39   网格构件铺放系统扩展示意图

随着航空航天领域的发展,实现高比刚度、高比强度的超轻结构设计是未来重要的发展趋势。纤维增强树脂复合材料网格结构因其在实现结构减重方面的独特优势,一定会在未来的航空宇航结构中占有重要地位。表 4.4 为目前纤维增强树脂复合材料网格结构成型工艺在交叉点结构、可成型网格类型、应用情况及技术成熟等级等方面的异同。可以看出,为解决纤维增强树脂复合材料网格结构在成型过程中纤维在交叉点处堆积和架空缺陷,研究人员探索了多种交叉点结构形式,主要有交叠、裁断、侧向弯曲、交织四种,其中前三种结构形式中,交叠形式的交叉点结构性能最优,而编织工艺实现的交织结构克服了纤维堆积和架空,但其承载效率却鲜有公开报道,性能是否优于其他三种结构形式尚不明确。目前网格结构的自动化成型工艺主要有纤维缠绕、纤维铺放和三维编织三种,其中纤维缠绕和纤维铺放工艺已经较成熟,在国外已经实现了工程应用,国内在网格缠绕工艺方面也积累了丰富经验,但对于网格结构铺放设备、工艺方面的探索较少;网格结构的三维编织工艺国外处于探索中,国内未见相关的公开研究工作;互锁工艺在成型平板网格结构及多级网格结构方面有很大优势,低成本、可批量化生产的特点使其有望应用于土木结构中;真空辅助树脂传递模塑(VARTM) 工艺在具有低成本、操作环境友好等优势的情况下融合了缠绕、铺放等工艺灵活、可自动化成型的特点,有望降低复杂网格构件的生产成本。材料的工艺决定了其成型的宏细观结构,结构又决定了构件的最终性能,而网格结构在设计过程中,经常忽略工艺因素对其结构的影响,揭示网格结构成型过程中工艺一结构一性能的关系,对准确预测结构承载效率和破坏形式有着重要作用。因此,为实现高性能、低成本网格结构的设计、制造和应用,有以下几个方面需要研究。

表 4.4　网格结构成型工艺对比

成型工艺	交叉点结构	可成型网格类型	应用情况	技术成熟等级
纤维缠绕	纤维交叠	圆柱、圆锥等	载荷适配器、级间段、整流罩、连接器、承力筒等	8
纤维铺放	纤维交叠、不连续等厚(在交叉点处裁断,每层不同裁剪策略)、连续等厚(在交叉点附近每一层纤维交替向纤维宽度方向弯曲偏移)	圆柱、圆锥、平板、曲面板等	载荷适配器、整流罩等	7
三维编织	纤维交织	圆柱等	—	3
互锁工艺	不连续	平板等	民用结构或设施等	6
真空辅助树脂传递模塑	纤维交叠	圆柱、圆锥、平板、曲面板等	级间段等	6

(1)成型工艺方法的研究。

目前网格结构的成本、性能和可设计性受到成型工艺的限制,因此,需要结合工艺实验建立不同成型方法成型过程的工艺模型,探究关键工艺参数对构件性能的影响。进一步提高网格结构缠绕、铺放等工艺的成熟度,积极探索三维编织、连续纤维 3D 打印等工艺在网格结构成型中的应用,思考如何利用工艺手段减少纤维堆积和架空缺陷,最大程度发挥纤维性能,从而提高网格结构设计的灵活性、降低制造成本。

(2)网格设计方法的研究。

充分利用纤维增强树脂复合材料的可设计性,结合拓扑优化等结构设计方法,完善曲线肋网格结构、复杂曲面网格增强结构和多级网格结构的设计理论,并将关键工艺参数对网格结构性能的影响融合到网格结构的设计中,揭示工艺—结构—性能之间的关系,建立精确的分析模型,对结构的力学性能、破坏形式进行准确预测,指导网格结构的设计、制造和应用。

(3)CAD/CAM/CAE 一体化技术研究。

目前网格结构 CAD、CAM、CAE(计算机辅助工程)三个方面的研究较独立,将这三种功能集成起来,利用参数化建模手段,建立网格结构三维模型,通过加工过程仿真获得纤维轨迹、裁剪策略、铺层顺序等信息,以此建立复合材料结构分析模型,进而提高结构力学性能、破坏形式的预测精度,还可以根据分析结果,优化网格结构形式和铺层工艺参数,提高网格结构的设计、制造效率。

本章首先总结了纤维增强复合材料网格结构的结构形式、特点和分类,介绍了网格结构在航天领域的应用;然后分析了网格结构成型的工艺流程和难点,推导并建立了圆柱网格结构缠绕的数学模型,为网格结构的缠绕工艺提供指导;最后,汇总了网格结构缠绕工艺中常用的模具形式,介绍了两种网格结构专用的缠绕设备,为工艺、研究人员提供参考。通过本章的分析可以看出,纤维缠绕工艺具有工艺成熟、生产效率高、可实现生产过程自动化等特点,在复合材料网格结构制造中的优势会更加明显。

第5章

机器人纤维缠绕系统

5.1 引　言

　　工业机器人在智能制造大潮中占有举足轻重的地位。一般情况下,在纤维缠绕自动化生产线中,工业机器人可以用于上下模具及物料搬运。工业机器人中的关节机器人是比较常用的机构形式,其本身就具备 6 个自由度。为了提高缠绕装备的灵活性,可以借助六自由度关节机器人作为执行机构来实现纤维缠绕运动,这样既可以增加纤维缠绕系统的自由度,又可以降低纤维缠绕系统的复杂度。

　　机器人纤维缠绕系统的形式一般有两类:① 机器人带动绕丝嘴与额外的旋转坐标(带动模具回转)配合来实现纤维缠绕运动;② 机器人带动模具运动与旋转(一般通过扩展额外的坐标实现),配合固定式的绕丝嘴来实现纤维缠绕运动。第二类形式由于受到机器人承载质量的限制,一般只能用于小型制品的缠绕成型;第一类形式则不受此限制,模具通过单独的拖动系统带动,通过将机械臂放到一运动平台上,可以实现大型、超大型制品的纤维缠绕成型。本章内容主要围绕第一类形式展开。

5.2 六轴工业机器人运动学分析

　　机器人的常规工作模式为关节驱动,在实际工作过程中,机械臂携带的末端执行器在笛卡儿空间进行运动,通过直接控制各轴的旋转使末端执行器到达指定位置,因此,需要进行末端执行器的位姿点到关节角的转化。在机器人的运动过程中,若末端执行器运动的连续点在距离较远的情况下,机器人则会执行自身的插补程序完成运动,此过程可能会导致碰撞的发生,因此,需要采用合适的后置处理方法对机床的纤维运动轨迹进行合理转化,生成机器人的缠绕轨迹。本章以国产华数六轴机器人 JR6150 为对象进行介绍。

5.2.1　运动学基础理论

在世界坐标系中,一个物体的信息通过位姿来表示,而该物体在另一坐标系中的信息则可经过坐标变换得到。为了方便描述两者之间的关系,这里将 $upvw$ 坐标系视作物体,而 $xOyz$ 坐标系视作世界坐标系,如图 5.1 所示。

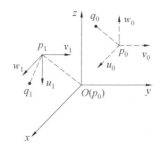

图 5.1　坐标变化示意图(彩图见附录)

如图 5.1 所示,其中颜色相同表示同坐标轴,如 x 轴对应 u_0 轴,物体在坐标系 $u_0p_0v_0w_0$ 的初始状态点为 q_0,其与 $xOyz$ 坐标系重合(即初始状态 O 点与 p_0 点重合,为了便于显示关系,将两者分离),经过旋转位移变化得到最终状态点 q_1,分解该运动过程,如图 5.2 所示,首先是位姿信息的变化,$u_0p_0v_0w_0$ 通过绕 y 轴旋转得到坐标 $upvw$,将初始状态点 q_0 在该坐标系中表示为 q,则 q 在两坐标系中的向量分别为 $\overrightarrow{Oq}$、$\overrightarrow{pq}$,两者向量表达式如式(5.1)与式(5.2)所示。

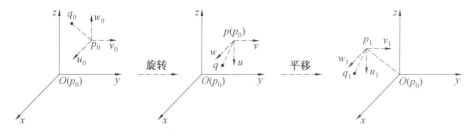

图 5.2　旋转变化分解示意图(彩图见附录)

$$\boldsymbol{q}_{uvw} = q_u\boldsymbol{i}_u + q_v\boldsymbol{j}_v + q_w\boldsymbol{k}_w \tag{5.1}$$

$$\boldsymbol{q}_{xyz} = q_x\boldsymbol{i}_x + q_y\boldsymbol{j}_y + q_z\boldsymbol{k}_z \tag{5.2}$$

由于原点重合,则两者向量相等,联立式(5.1)与式(5.2)可得关系式如下:

$$\begin{bmatrix} q_x \\ q_y \\ q_z \end{bmatrix} = \begin{bmatrix} i_x i_u & i_x j_v & i_x k_w \\ j_y i_u & j_y j_v & j_y k_w \\ k_z i_u & k_z j_v & k_z k_w \end{bmatrix} \begin{bmatrix} q_u \\ q_v \\ q_w \end{bmatrix} = [\boldsymbol{R}] \begin{bmatrix} q_u \\ q_v \\ q_w \end{bmatrix} \tag{5.3}$$

式(5.3)中的 $\boldsymbol{R}$ 即为旋转矩阵,可通过该矩阵求解物体的位姿信息,在完成坐标系旋转后,将坐标系沿 x、y、z 轴分别平移即可得到最终的位姿信息,这里以列向量 $\boldsymbol{T}$ 来表示位置,将旋转矩阵 $\boldsymbol{R}$ 与平移矩阵 $\boldsymbol{T}$ 结合可得最终位置点 q_0 的表达,以齐次矩阵表示如下:

$$\begin{bmatrix} P_x \\ P_y \\ P_z \\ 1 \end{bmatrix} = \begin{bmatrix} \boldsymbol{R} & & \boldsymbol{T} \\ 0 & 0 & 0 & 1 \end{bmatrix} \begin{bmatrix} P_u \\ P_v \\ P_w \\ 1 \end{bmatrix} \tag{5.4}$$

通过式(5.4)可以将物体所在坐标进行变换,实现同一物体在不同坐标系下的位姿表达,为下一步机床坐标系到机器人坐标系转化做准备。

5.2.2 JR6150 型机器人正向运动分析

六轴机器人的最大的工作空间类似一个球体,它可以将机械手臂末端工具以几乎任意角度放置在接近无限数量的平面上。机器人在工作时,由法兰将机械臂第六轴与末端执行器连接,各个关节角构成一条运动链,携带末端执行器到达指定位置。通过指定各个关节角的大小可以唯一确定末端执行器的位置,也称作机器人的正向求解,可以通过 D−H 参数法完成。本章以华数 JR6150 型机器人为例,其外形结构与具体参数如图 5.3 所示。

机器人由杆件和关节组成,其中杆件用来保持相邻关节间结构形态,关节则用来完成杆件的连接,D−H 参数法就是通过杆件四参数(杆件的长度、扭转角、偏移量及回转角)建立机器人的各个关节坐标系。在串联机器人中,若关节为旋转关节,则在该关节处回转角为唯一变量;若关节为移动关节,则在该关节处偏移量为唯一变量。华数 JR6150 型机器人六个关节均为旋转关节,对应六个回转角,因此,该机器人的正解就是通过获得这六个角度值得到最终的末端位姿矩阵,而逆解则是通过末端位姿矩阵对当前机器人的六个关节角进行反解。

根据图 5.3 所示的 JR6150 型机器人具体参数,结合 D−H 建模方法,对机器人的各轴进行编号,建立坐标系,如图 5.4 所示,得到机器人 D−H 参数表(表 5.1)。

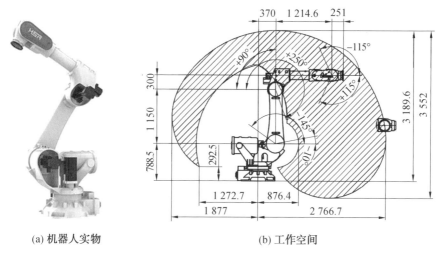

(a) 机器人实物　　　　　　　　　　　(b) 工作空间

图 5.3　JR6150 型机器人外形结构与具体参数(单位:mm)

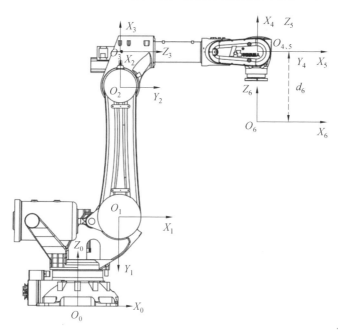

图 5.4　JR6150 型机器人 D－H 坐标系

表 5.1　JR6150 D－H 参数表

连杆 i	回转角 $\theta_i/(°)$	扭转角 $\alpha_i/(°)$	连杆长度 l_i/mm	连杆偏移量 d_i/mm
1	θ_1	-90	370	788.5
2	θ_2-90	0	1 150	0

续表5.1

连杆 i	回转角 $\theta_i/(°)$	扭转角 $\alpha_i/(°)$	连杆长度 l_i/mm	连杆偏移量 d_i/mm
3	θ_3	-90	300	0
4	θ_4	90	0	1 214.6
5	θ_5+90	90	0	0
6	θ_6	0	0	d_6(有向线段、为负)

在得到机器人的 D−H 参数表后,机器人的初始位姿就已经确认,通过式(5.5)所示的 D−H 矩阵变换关系式,可以得到相邻坐标系之间的齐次矩阵表达关系,其中 $^{i-1}\boldsymbol{A}_i$ 表示第 i 坐标系在第 $i-1$ 坐标系中的位置和姿态,将 JR6150 型机器人的 D−H 参数表中数值代入式(5.5)可得该机器人各个坐标系之间的位姿关系。

$$
\begin{aligned}
^{i-1}\boldsymbol{A}_i =&
\begin{bmatrix}
\cos\theta_i & -\sin\theta_i & 0 & 0 \\
\sin\theta_i & \cos\theta_i & 0 & 0 \\
0 & 0 & 1 & 0 \\
0 & 0 & 0 & 1
\end{bmatrix}
\begin{bmatrix}
1 & 0 & 0 & 0 \\
0 & 1 & 0 & 0 \\
0 & 0 & 1 & d_i \\
0 & 0 & 0 & 1
\end{bmatrix}
\begin{bmatrix}
1 & 0 & 0 & l_i \\
0 & 1 & 0 & 0 \\
0 & 0 & 1 & 0 \\
0 & 0 & 0 & 1
\end{bmatrix} \\
&\begin{bmatrix}
1 & 0 & 0 & 0 \\
0 & \cos\alpha_i & -\sin\alpha_i & 0 \\
0 & \sin\alpha_i & \cos\alpha_i & 0 \\
0 & 0 & 0 & 1
\end{bmatrix} \\
=&
\begin{bmatrix}
\cos\theta_i & -\cos\alpha_i\sin\theta_i & \sin\alpha_i\sin\theta_i & l_i\cos\theta_i \\
\sin\theta_i & \cos\alpha_i\cos\theta_i & -\sin\alpha_i\cos\theta_i & l_i\sin\theta_i \\
0 & \sin\alpha_i & \cos\alpha_i & d_i \\
0 & 0 & 0 & 1
\end{bmatrix}
\end{aligned}
\tag{5.5}
$$

对串联旋转机器人而言,假设在该机器人上建立的坐标系数量为 $i+1$,则最后一个坐标 i 相对于基坐标(标号为 0)的位姿矩阵可以通过从基坐标开始的各个相邻关节的位姿矩阵不断右乘得到,所得到的矩阵即是机械臂的末端姿态表达,因此,机器人的正运动学方程可表示为 $^0\boldsymbol{T}_i={}^0\boldsymbol{A}_1{}^1\boldsymbol{A}_2\cdots{}^{i-1}\boldsymbol{A}_i$,将杆件所对应的参数代入该方程,即可得出末端在基坐标(笛卡儿坐标系)中的位姿和方向信息。对于 JR6150 型机器人而言,将表 5.1 中的各项参数代入矩阵中,通过改变关节角的值,可以得到不同的末端姿态表达。

至此,完成了 JR6150 型机器人的正运动学求解过程分析,该分析过程可以用于 5.3 节的机器人逆解验证。

5.2.3　JR6150 型机器人逆向运动分析

JR6150 型机器人在笛卡儿坐标系中处理点到点的运动时会采用以下策略解决问

题:当机器人在两端点之间完成运动时,机器人会自行插补,该插补通过某种算法将各轴的剩余量进行运动规划,之后,各轴依据该规划完成联动,达到机器人从初始点到目标点运动的目的。但是,该运动过程是不可控的,其姿态转化就是在到达目标点时完成整体变化,而在机器人末端运动的过程中,并不对轨迹做出规定,因此,机器人自身的插补并不一定适合生产所需。在纤维缠绕的过程中,绕丝嘴作为末端执行器,必须完成在指定位置的姿态变化,才能实现制件的加工,确保纤维缠绕的正确进行。因此,首先对该机器人进行逆解,通过基于基坐标系的末端位姿矩阵得到机器人六个关节角,完成机器人从笛卡儿坐标系到关节坐标的运算,之后,对纤维缠绕轨迹进行处理,得到该轨迹的机器人表达程序。

在 JR6150 型机器人中,假设机器人的第四、五、六轴的交点为 P,则点 P 的位置取决于机器人的前三个关节角,机器人的后三个关节角则用来确定末端执行器的姿态。该机器人缠绕的末端执行器通过法兰与机器人连接,因此,在进行机器人运动的反向求解时,可以根据末端执行器的位姿点来得到相对于基坐标系的变换矩阵 ${}^0 t_6$(式(5.6)),同时,通过前文中表述的机器人正运动学方程,可得末端执行器的位姿矩阵为 ${}^0 T_6$,则这两个变换矩阵应当是相同矩阵的不同表达,如式(5.7)所示,由于末端执行器所在的工具坐标系相对于 P 点处变换矩阵为 ${}^5 A_6$,将式(5.7)两边同时右乘 ${}^5 A_6$ 的逆矩阵,则可以得到 P 点在基坐标系中的表达式 ${}^0 A_1 \, {}^1 A_2 \, {}^2 A_3 \, {}^3 A_4 \, {}^4 A_5 = {}^0 T_5 = {}^0 t_6 \, {}^5 A_6^{-1} = {}^0 t_5$,其中,${}^0 t_5$ 的表达如式(5.8)所示,即点 P 在基坐标系中的位姿矩阵表达。

$$
{}^0 t_6 = \begin{bmatrix} nx & ox & ax & px \\ ny & oy & ay & py \\ nz & oz & az & pz \\ 0 & 0 & 0 & 1 \end{bmatrix}
\tag{5.6}
$$

$$
{}^0 t_6 = {}^0 T_6
\tag{5.7}
$$

$$
{}^0 t_5 = \begin{bmatrix} nx \times \cos(t_6) - ax \times \sin(t_6) & ax \times \cos(t_6) + nx \times \sin(t_6) & ax & px - ax \times d_6 \\ ny \times \cos(t_6) - oy \times \sin(t_6) & oy \times \cos(t_6) + ny \times \sin(t_6) & ay & py - ay \times d_6 \\ nz \times \cos(t_6) - az \times \sin(t_6) & oz \times \cos(t_6) + nz \times \sin(t_6) & az & pz - az \times d_6 \\ 0 & 0 & 0 & 1 \end{bmatrix}
$$

$$
\tag{5.8}
$$

首先进行机器人前三个关节角的求解,在确定 P 点的位置后,再进行姿态信息到后三角的转化。在机器人的前三角求解过程中,可以依据式(5.7)所示的关系,通过进行矩阵变化获得目标值,但该过程需要进行大量矩阵运算,计算较为烦琐,同时,通过式(5.8)中 ${}^0 t_5$ 的最后一列可知点 P 在基坐标系中的空间位置表达,因此,这里采用几何方式进行求解。首先是第一个关节角,将点 P 投影在基坐标系的 $X_0 O_0 Y_0$ 平面内,设该点为 P',如图 5.5 所示,令 $P'_y = py - ay \times d_6$,$P'_x = px - ax \times d_6$,则根据反正切函数可得到第一关节角的表达式(5.9)。接着是第二个和第三个关节角的求解,将

点 P 显示在 $P'O_0Z_0$ 平面内,如图 5.6 所示,根据几何关系可以进行 θ_2、θ_3 角求解。

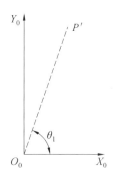

图 5.5　角度 θ_1 示意图

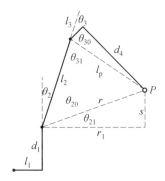

图 5.6　前三轴投影图

$$\theta_1 = a\tan 2(P'_y, P'_x) \tag{5.9}$$

根据图 5.6 所示的几何关系,可以得到第二和第三个关节角的表达式,如式(5.10)和式(5.11)所示,式中变量通过式(5.12)进行表述。

$$\theta_2 = \pi/2 - \theta_{20} - \theta_{21} \tag{5.10}$$

$$\theta_3 = \pi - \theta_{30} - \theta_{31} \tag{5.11}$$

$$\begin{cases} \theta_{30} = a\tan(d_4/l_3) \\ \theta_{31} = a\cos[(l_p^2 + l_2^2 - r^2)/(2l_p l_2)] \\ \theta_{21} = a\tan(s/r_1) \\ \theta_{20} = a\cos[(l_2^2 + r^2 - l_p^2)/(2r l_2)] \end{cases} \tag{5.12}$$

至此,机器人前三轴的关节角已经求解完毕,根据该角度得到前三轴的旋转矩阵 $^0\boldsymbol{R}_1$、$^1\boldsymbol{R}_2$、$^2\boldsymbol{R}_3$,$\theta_4 \sim \theta_6$ 的角度则取决于末端姿态,假设机器人的末端姿态矩阵为 $\boldsymbol{T}$,则机械臂末端姿态旋转矩阵表示为 $^0\boldsymbol{R}_T = ^0\boldsymbol{R}_4 \mid_{\theta_4=0} \cdot ^4\boldsymbol{R}_6 \mid_{\theta_4=\theta_5=\theta_6=0} \cdot ^6\boldsymbol{R}_{Txyz}$。

其中 $^0\boldsymbol{R}_4 \mid_{\theta_4=0}$ 是前三个关节角对应的旋转矩阵 $^0\boldsymbol{R}_3$,$^4\boldsymbol{R}_6 \mid_{\theta_4=\theta_5=\theta_6=0}$ 表示 4 号坐标系到 6 号坐标系的转化,在将后三个关节角视作零的前提下,$^6\boldsymbol{R}_{Txyz}$ 表示机械臂第四轴

绕 X 轴旋转第四关节角后,机械臂第五轴沿当前坐标系绕 Y 轴旋转第五关节角,机械臂第六轴沿当前坐标系绕 Z 轴旋转第六关节角的姿态,其求解过程如式(5.13)所示。

$$
\begin{aligned}
{}^{6}\boldsymbol{R}_{Txyz} &= \begin{bmatrix} 1 & 0 & 0 \\ 0 & c_4 & -s_4 \\ 0 & s_4 & c_4 \end{bmatrix} \begin{bmatrix} c_5 & 0 & s_5 \\ 0 & 1 & 0 \\ -s_5 & 0 & c_5 \end{bmatrix} \begin{bmatrix} c_6 & -s_6 & 0 \\ s_6 & c_6 & 0 \\ 0 & 0 & 1 \end{bmatrix} \\
&= \begin{bmatrix} c_5 c_6 & -c_5 s_6 & s_5 \\ s_4 s_5 c_6 + c_4 s_6 & -s_4 s_5 s_6 + c_4 c_6 & -s_4 c_5 \\ -c_4 s_5 c_6 + s_4 s_6 & c_4 s_5 s_6 + s_4 c_6 & c_4 c_5 \end{bmatrix}
\end{aligned}
\tag{5.13}
$$

式中,c_4 代表 $\cos\theta_4$;s_4 代表 $\sin\theta_4$;c_5 代表 $\cos\theta_5$;s_5 代表 $\sin\theta_5$;c_6 代表 $\cos\theta_6$;s_6 代表 $\sin\theta_6$。

将式(5.13)简化为式(5.14),如下所示:

$$
{}^{6}\boldsymbol{R}_{Txyz} = \begin{bmatrix} t_{11} & t_{12} & t_{13} \\ t_{21} & t_{22} & t_{23} \\ t_{31} & t_{32} & t_{33} \end{bmatrix}
\tag{5.14}
$$

可得 JR6150 型机器人的后三个关节角表达式,分别如式(5.15)、式(5.16)和式(5.17)所示。

$$
\theta_5 = a\tan\left(t_{13}/\sqrt{t_{11}^2 + t_{12}^2}\right)
\tag{5.15}
$$

$$
\theta_4 = a\tan\left[(-t_{23}/c_5)/(t_{33}/c_5)\right]
\tag{5.16}
$$

$$
\theta_6 = a\tan\left[(-t_{12}/c_5)/(t_{11}/c_5)\right]
\tag{5.17}
$$

同时,${}^{6}\boldsymbol{R}_{Txyz}$ 又可以通过将 ${}^{0}\boldsymbol{R}_{T}$ 左乘各个关节位姿矩阵的逆进行表述,如式(5.18)所示。

$$
{}^{6}\boldsymbol{R}_{Txyz} = {}^{5}\boldsymbol{R}_{6}^{-1}\big|_{\theta_6=0} \cdot {}^{4}\boldsymbol{R}_{5}^{-1}\big|_{\theta_5=0} \cdot {}^{3}\boldsymbol{R}_{4}^{-1}\big|_{\theta_4=0} \cdot {}^{2}\boldsymbol{R}_{3}^{-1} \cdot {}^{1}\boldsymbol{R}_{2}^{-1} \cdot {}^{0}\boldsymbol{R}_{1}^{-1} \cdot {}^{0}\boldsymbol{R}_{T}
\tag{5.18}
$$

令矩阵 $\boldsymbol{R}_r = {}^{5}\boldsymbol{R}_{6}^{-1}\big|_{\theta_6=0} \cdot {}^{4}\boldsymbol{R}_{5}^{-1}\big|_{\theta_5=0} \cdot {}^{3}\boldsymbol{R}_{4}^{-1}\big|_{\theta_4=0} \cdot {}^{2}\boldsymbol{R}_{3}^{-1} \cdot {}^{1}\boldsymbol{R}_{2}^{-1} \cdot {}^{0}\boldsymbol{R}_{1}^{-1}$,则可得机器人的末端姿态矩阵在第六坐标系中的表达式(5.19)。

$$
{}^{6}\boldsymbol{R}_{Txyz} = \boldsymbol{R}_r \cdot {}^{0}\boldsymbol{R}_6
\tag{5.19}
$$

式(5.19)中的旋转矩阵 $\boldsymbol{R}_r$ 与 ${}^{0}\boldsymbol{R}_6$ 已知,则可得出 ${}^{6}\boldsymbol{R}_{Txyz}$ 矩阵,如式(5.20)所示,其中的值均为已知数,联立式(5.14)可以对机器人的后三个关节角进行求解,需要注意的是,当 $\theta_5 = \pm 90°$ 时,机械臂的第四轴与第六轴同轴,此时,机械臂处于奇异点,θ_4 与 θ_6 之间有无数的解,当遇到此种情况时,如果对应的逆解是一个单点时,可以令 $\theta_4 = 0°$,则 $\theta_6 = a\tan(-t_{12}/t_{11})$,或者对应的逆解是连续轨迹上的点,则可以保持 θ_4 或 θ_6 其中之一不变,改变另一个值即可。

$$
{}^{6}\boldsymbol{R}_{Txyz} = \begin{bmatrix} t_{11} & t_{12} & t_{13} \\ t_{21} & t_{22} & t_{23} \\ t_{31} & t_{32} & t_{33} \end{bmatrix} \tag{5.20}
$$

至此,完成了机器人的逆向运动分析,5.2.5 节将对机器人逆解的正确性进行验证。

5.2.4　六轴机器人的奇异点

六轴机器人一般由六组不同位置的电机驱动,每个电机都能提供绕一轴向的旋转运动,从自由度的概念来看,六轴机器人已经满足三维空间中的六个自由度,理论上其末端可以到达空间中任何位置及角度,但六轴机器人存在着一些奇异点。造成奇异点的原因如下:① 电机及机械部件可运作范围的极限位置,不同型号的六轴机器人会有不同的运作范围限制,也就是工作空间的概念;② 数学模型上的错误或局限性,如同数学上的奇异点,它发生于"无限"的情况下,例如:任何一个除以零的数,即便"无限"在数学的观点中已经是个习以为常的概念,但在现实的物理世界中是无法达成的。

运动学中,将六轴机器人视为由"刚体"以及可提供平移或旋转的"关节"所组成,运动学探讨刚体尺寸及关节参数对应于运动链末端的位置及运动路径之关系,可再划分为两个部分:① 正向运动学,在给定已知的尺寸及关节参数的条件下,去求得运动链末端的位置及角度;在六轴机器人上,就是给定各轴角度,去求得末端的笛卡儿坐标;一组给定的关节参数只对应唯一一个末端坐标。② 逆向运动学,欲求得任何可能的关节参数,使运动链末端达到特定位置及角度;在六轴机器人上,就是从已知的末端坐标,去求得各轴角度参数的组合;与正向运动学不同,一个末端位置可以由不同的六轴机器人姿态来达成,对应不止一组关节参数。也就是说,六轴机器人的一个末端位置可对应多组不同的关节参数,具体数量取决于机器人的结构、关节限位和奇异位形等因素。

在逆向运动学中,当末端位于奇异点时,一个末端位置会对应无限多组解。起因于运动学中使用雅可比(Jacobian)矩阵来转换轴角度及六轴机器人末端的关系,当六轴机器人中的两轴共线时,矩阵内并非完全线性独立,造成雅可比矩阵的秩减少,其行列式值为零,使得雅可比矩阵无反函数,逆向运动学无法运算。

在六轴机器人末端接近奇异点时,微小的位移变化量就会导致某些轴的角度产生剧烈变化,产生近似无限大的角速度,而这在现实世界中是不可能的。在此给奇异点一个简单的解释,即当六轴机器人的其中两个以上的轴共线时,会导致六轴机器人发生无法预期的运动状态。

1. 常见的奇异点发生时机

由于奇异点与六轴机器人的姿态相关,并不是一个给定的位置,所以要列出所有

的奇异点是有难度的,不过在此依照奇异点发生的状况不同,将六轴机器人的奇异点分为下列三种:

(1) 腕关节奇异点。

当第四轴与第六轴共线时,会造成系统尝试将第四轴与第六轴瞬间旋转 180°。

(2) 肩关节奇异点。

当第一轴与腕关节中心点(第五轴与第六轴之交点)共线时,会造成系统尝试将第一轴与第四轴瞬间旋转 180°。此类型有个特殊的情况,当第一轴与腕关节中心共线,且与第六轴共线时,会造成系统尝试第一轴与第六轴瞬间旋转 180°,称为对齐奇异点。

(3) 肘关节奇异点。

当腕关节中心 C 点与第二轴、第三轴共平面时,会造成肘关节卡住,像是被锁住一般,无法再移动。

2. 如何避免奇异点

奇异点常发生于两轴共线时,当六轴机器人的轴数量增加时,发生奇异点的位置与机会同时增加。但因为六轴机器人的自由度变多,也表示有更多可以避开奇异点的运动路径可以选择。六轴机器人拥有六个自由度,可以达到空间中任何位置,而七轴机器人就是为了避开奇异点而产生,多一个自由度来增加避开奇异点的路径选择性,也同时可进行复杂度更高的运动,因为这额外的轴,七轴机器人又被称作冗余机械手。

也有人提出将工具与法兰面的关系进行调整,当工具的方向平行于法兰面法线方向时,把工具调整一个微小的角度(5°~15°),可减少运动路径遇到奇异点的机会。虽无法完全避免,但因成本低且可简单地进行测试,不失为一个好方法。

理论上,六轴机器人到达奇异点时角速度无限大,为避免损坏,六轴机器人制造商会以软件进行保护,当速度过快时六轴机器人停止,并产生错误讯息。使用者也可以限制六轴机器人经过奇异点附近时的速度,使其缓慢地通过,避免停机。

而在六轴机器人控制器中,当第五轴角度为 0°,即第四轴与第六轴共线时,会出现提醒信息,可用以下三种方法来避免奇异点问题:

(1) 增加目标点,调整姿态,避免第五轴角度出现 0° 的情况,这也是有时六轴机器人运行时会有一些无法预期的动作的原因。

(2) 在非必须以直线运动的工作需求下,使用关节运动取代直线运动,关节运动指令可使六轴机器人自主调整姿态避免运行至奇异点附近。

(3) 最有效的方法还是在电脑上用运动仿真软件先行模拟,尝试将运动路径调整至没有奇异点。如:ABB 公司的 Robot Studio 机器人仿真软件可以监控运动路径是否接近奇异点,方便在接近奇异点附近的位置修改路径,以顺利完成工作。

5.3　逆解仿真验证

5.3.1　连续轨迹逆解分析

通过以上分析可以对基于基坐标系的末端位姿矩阵实现到机器人六关节角的转化,然而,所取得的解是否正确以及是否合理是需要经过进一步验证的,这里首先通过将逆解的点代入所编写的正解程序来进行验证,所得结果正确,但是该验证仅针对某一个位姿点,不能够体现出运动的连续性,同时,不能够直观地对机器人的状态进行观察,因此,这里通过建立三维运动仿真来分析机器人的运动轨迹的正确性。

在缠绕过程中,绕丝嘴携带纤维沿着转动的主轴运动,其运动方式如图 5.7 所示,通过一个循环在芯模表面缠绕一束纤维,整个运动轨迹是连续的,运动流程如图 5.8 所示,其中,正号表示绕丝嘴(末端执行器)在由 A 到 B 的过程,负号表示其由 B 到 A 的过程,可以看出,绕丝嘴在经过封头 A 和封头 B 处时,其变化角度最大,因此在此处计算逆解时,要同时考虑逆解的正确性及连续性,使机器人能够完成整个缠绕。

图 5.7　缠绕丝嘴运动方式

图 5.8　缠绕丝嘴运动流程

机器人的前三个关节角与丝嘴的姿态无关,因此在确保机器人缠绕、运动的连续性时,主要对机器人的后三个关节角进行合理取值。由于前文采用反正切函数对机器人的后三轴进行逆解求解,而正切函数的一个特性:在相位上相差 $180° \times k°$ 时(k 为整数),函数所对应的值相等。这可能会造成机器人相邻解出现 $180° \times k°$ 的跳跃,虽然逆解是正确的,但是在该跳跃点处,机器人需要停下来完成角度的转化,再接着完成缠绕过程,造成缠绕轨迹的不连续。因此,一般以解的连续性来进行后三个角度的选取。

5.3.2　逆解仿真验证

在进行仿真验证前,首先对机器人的运动过程进行分析,由于 JR6150 型机器人为串联机器人,在建立机器人的运动链时,J_1 轴、J_2 轴、J_3 轴、J_4 轴、J_5 轴、J_6 轴各轴之间的关联性如图 5.9 所示,J_i(i 为整数,且 $2 \leqslant i \leqslant 6$)轴受到 $J_0 \sim J_{i-1}$ 轴的直接影响。

本部分采用 OpenGL 进行机器人三维模型的显示,由于在 OpenGL 中存在世界坐标系,因此,这里将基坐标系与世界坐标系相重合,剩下的各个轴则在绘制时将坐标系与世界坐标系方向相同,这样在导入模型时,只需要提供当前轴坐标系相对于基坐标系的位置信息即可,通过这样即能建立机器人的初始状态模型显示,如图 5.10 所示,各轴均在正确位置,没有出现模型之间的干涉,显示效果较好。

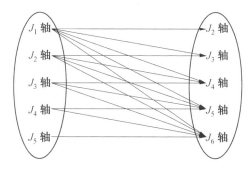

图 5.9　机器人各轴关联性示意图

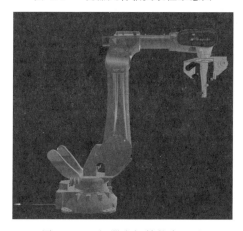

图 5.10　机器人初始状态显示

　　接下来建立各轴之间的运动链,根据图 5.9 可以看出机械臂各轴之间的关系,在 OpenGL 的显示中,各个关节处的坐标系建立方向均相同,在处理运动链时,通过上文所述的机械臂正解分析,可以得到机械臂各个轴的位姿信息,这里由于在绘制三维模型时,坐标系方向有所更改,处理时将两者对应即可,各轴的位置较为简单,将计算出来的位姿矩阵最后一列参数提取即可,但各轴的旋转需要加以整合,保证各轴正确运动,这里对机械臂 $J_1 \sim J_4$ 轴各轴的旋转运动方式加以整理,如表 5.2 所示。

表 5.2　JR6150 型机器人 $J_1 \sim J_4$ 轴旋转运动方式

机械臂	旋转运动方式
J_1 轴	绕当前坐标系 Z 轴旋转 θ_1

续表5.2

机械臂	旋转运动方式
J_2 轴	绕当前坐标系 Z 轴旋转 θ_1,再绕当前 Y 轴旋转 θ_2
J_3 轴	绕当前坐标系 Z 轴旋转 θ_1,再绕当前 Y 轴旋转 $\theta_2 + \theta_3$
J_4 轴	绕当前坐标系 Z 轴旋转 θ_1,再绕当前 Y 轴旋转 $\theta_2 + \theta_3$,再绕当前 X 轴旋转 θ_4

在处理机械臂的各轴旋转运动时,就 $J_1 \sim J_4$ 轴而言,依照表5.2中的处理方式即可,但是,在处理 J_5 轴的运动时,依照表5.2中的方式处理,应当绕当前坐标系 Z 轴旋转 θ_1,再绕当前 Y 轴旋转 $\theta_2 + \theta_3 + \theta_5$,再绕当前 X 轴旋转 θ_4,然而,在拖动各轴进行运动时,发现 J_5 轴、J_6 轴会随着前几轴的转动出现旋转错位问题,如图 5.11 所示,依次分析 $J_1 \sim J_4$ 轴对第五坐标系的影响:首先是 θ_1 的影响,J_1 轴的转动带动第五坐标系绕 Z 轴进行旋转,旋转角为 θ_1;其次,J_2 轴的旋转带动第五坐标系绕 Y 轴进行旋转,旋转角为 θ_2,J_3 轴的旋转带动第五坐标系绕 Y 轴进行旋转,旋转角为 θ_3;最后,J_4 轴的旋转带动第五坐标系绕 Z 轴进行旋转,旋转角为 θ_4,绕各轴旋转的矩阵如式(5.21)所示。完成了以上旋转后,J_5 轴绕自身 X 轴旋转 θ_5 方能得到正确的显示状态,因此,机械臂旋转错位是由于机械臂在旋转的过程中在未对 θ_4 进行处理时,就已经处理了 θ_5 造成的。由于各矩阵的变化取自于已经转化后的坐标系,因此采用右乘的方式得到新的旋转矩阵,假设为 $\boldsymbol{R}_5$,则可得到经过变换后的第五坐标系的旋转矩阵,如式(5.22)所示,由于 J_5 轴绕自身的 Y 轴转动,假设所对应的向量 $\boldsymbol{A} = (0,1,0)$,新的旋转轴为 Y_5,则有 $Y_5 = \boldsymbol{R}_5 A$,关节角 θ_5 绕 Y_5 轴进行旋转,即可得到 J_5 轴的正确旋转模型。在处理 J_6 轴时,首先对 θ_5 进行处理,之后采用表5.2中所示的方式,建立旋转关系:绕当前坐标系 Z 轴旋转 θ_1,再绕当前 Y 轴旋转 $\theta_2 + \theta_3$,再绕当前 X 轴旋转 $\theta_4 + \theta_6$,由于 θ_6 是依照顺序最后处理的,因此,不会出现错位问题,通过以上分析,即可建立 J_5 轴与 J_6 轴的在模型中的正确显示,如图 5.12 所示,至此,机器人的运动仿真模型搭建完毕。

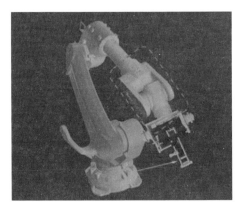

图 5.11 后两轴旋转错误示意图

$$\boldsymbol{R}(x,\phi)=\begin{bmatrix}1&0&0\\0&c\phi&-s\phi\\0&s\phi&c\phi\end{bmatrix}\quad\boldsymbol{R}(y,\theta)=\begin{bmatrix}c\theta&0&s\theta\\0&1&0\\-s\theta&0&c\theta\end{bmatrix}\quad\boldsymbol{R}(z,\varphi)=\begin{bmatrix}c\varphi&-s\varphi&0\\s\varphi&c\varphi&0\\0&0&1\end{bmatrix}$$

$$(5.21)$$

$$\boldsymbol{R}_5=\boldsymbol{R}(z,\theta_1)\boldsymbol{R}(y,\theta_2)\boldsymbol{R}(y,\theta_3)\boldsymbol{R}(x,\theta_4) \tag{5.22}$$

图 5.12　后两轴旋转正确示意图

为了进行连续化位姿点的处理,建立一段曲线轨迹,并在主轴中线的某点建立机床坐标系,如图 5.13 所示。之后,将轨迹沿着 Z 轴每次偏移 0.5 mm 进行点的离散化处理,围绕这些点建立工具坐标系,则可获取该工具坐标系在此段轨迹中相对于机床坐标系的位姿点,将获得的相对位姿点输出为相对轨迹点文件,再通过前文所述内容,将所得位姿点文件转化为基于机器人基坐标系的新的位姿点,获取工具坐标系基于机器人坐标系的位姿关系,再通过机械臂的逆解程序,生成关节角文件,进行仿真验证,验证结果正确。

图 5.13　模拟轨迹示意图

在完成逆解的轨迹验证后,即可对压力容器、弯管等构件进行后置处理算法研究,完成缠绕机路径数据到机器人路径的转化,对该轨迹进行三维可视化处理,进行轨迹的初步验证,进而开展机器人的缠绕实验。

5.4　机器人缠绕轨迹

5.4.1　纤维缠绕丝嘴轨迹

针对通用的压力容器,芯模及机床缠绕丝嘴的运动简图如图 5.14 所示,其中,丝嘴的运动形式为沿 x 轴、z 轴的直线运动,以及绕 y 轴旋转的偏摆运动与绕 x 轴的转动。丝嘴与主轴依照一定的运动关系即可完成不同形式的缠绕,本节将对常用的环向缠绕与螺旋缠绕轨迹进行分析。

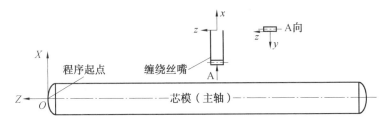

图 5.14　芯模及机床缠绕丝嘴的运动简图

在对芯模进行环缠的过程中,仅有丝嘴沿 z 轴的直线运动及芯模的转动,为双坐标解,且运动关系较为简单。在对芯模进行螺旋缠绕的过程中,在封头处,丝嘴需要 X 向、Z 向直线运动与丝嘴自身绕 X 轴的旋转运动配合,再与主轴配合缠绕,即是纤维缠绕机的四坐标运动,若在此基础上加上丝嘴绕 Z 轴转动的偏航角,即是纤维缠绕机的五坐标运动。其运动形式如图 5.15 所示,可以看出,机床在进行四坐标缠绕运动时,相较于五坐标系运动来说,丝嘴在封头处没有绕转轴的转动,因此,在封头处纤维束的扭转现象会较为严重。

图 5.15　机床多轴联动丝嘴状态

5.4.2　四坐标与五坐标转化

通过以上分析可以得知,在该芯模的缠绕过程中,环缠仅需要二坐标的计算即可,且运动规律简单,而螺旋缠绕较为复杂,可分为四坐标运动与五坐标运动,其缠绕轨迹的解算已经较为成熟,这里针对已生成的四坐标与五坐标螺旋缠绕程序进行机器人方面的轨迹分析,为完成机器人缠绕做准备工作。

JR6150 型机器人与机床小车分别摆放在芯模的两端,如图 5.16 所示,其中的 $X_0Y_0Z_0$ 表示机器人底座坐标系,XYZ 表示机床程序的起点坐标系,$X_1Y_1Z_1$ 表示机器人末端执行器的运动坐标系,$X_2Y_2Z_2$ 则是用来完成矩阵变换的过渡坐标系,其中 C 向指丝嘴的来向,R 向指丝嘴的回向。

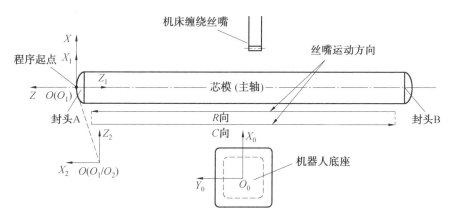

图 5.16　机器人 / 机床坐标系关系图

一般情况下机床的缠绕程序起点可以设在芯模的一端,对缠绕的循环过程进行拆分,总结出各轴的运动变化规律如表 5.3 所示,假设筒身段丝嘴旋转角度为 T(正值)。

表 5.3　机床各轴的运动变化规律

机床轴	方向	封头 A 段	筒身段	封头 B 段
横向运动(沿 Z 轴)	C 向	负向移动	负向移动	负向移动
	R 向	正向移动	正向移动	正向移动
纵向运动(沿 X 轴)	C 向	正向移动	保持不变	负向移动
	R 向	负向移动	保持不变	正向移动
旋转运动(绕 X 轴)	C 向	增加至 T	保持不变	减小至零
	R 向	减小至零	保持不变	减小至 $-T$
主轴转动	正向	保持不变	保持不变	保持不变

为了保持机器人与机床式缠绕设备从芯模的同一点开始缠绕,在建立图 5.16 中坐标系时,首先基于坐标系 $X_0Y_0Z_0$ 沿 X_0 轴旋转 90°,再偏移至机床程序起点建立坐标系 $X_1Y_1Z_1$,定义该坐标变化矩阵为 $^0T_1$,并将 $X_1Y_1Z_1$ 作为机器人的轨迹点表示坐标系。这里由于缠绕程序的执行方向发生对调,将机床程序的 X、Z 数值进行取反得到

机器人末端执行器轨迹在坐标系 $X_1Y_1Z_1$ 中的位置表达。为了方便对执行器的姿态进行描述,这里在机床程序起点建立过渡坐标系 $X_2Y_2Z_2$,定义 $X_1Y_1Z_1$ 到该坐标系的变化矩阵为 $^1\boldsymbol{T}_2$,此坐标系与工具坐标系的方向相同,则将丝嘴的旋转运动表示为绕 Z_2 轴的旋转,将旋转角 φ 代入式(5.23)可得四阶变化矩阵 $\boldsymbol{T}_{J4}$,将各项进行右乘可得机器人末端执行器中点到基坐标系的姿态矩阵 $^0\boldsymbol{T}_{J4}$,如式(5.24)所示。

$$\boldsymbol{T}_{J4} = \begin{bmatrix} \cos\varphi & -\sin\varphi & 0 & 0 \\ \sin\varphi & \cos\varphi & 0 & 0 \\ 0 & 0 & 1 & 0 \\ 0 & 0 & 0 & 1 \end{bmatrix} \tag{5.23}$$

$$^0\boldsymbol{T}_{J4} = {}^0\boldsymbol{T}_1 \cdot {}^1\boldsymbol{T}_2 \cdot \boldsymbol{T}_{J4} \tag{5.24}$$

五坐标螺旋缠绕与四坐标缠绕的运动过程相似,仅在芯模封头处增加了偏航角的联动,因此,可在四坐标程序的基础上进行分析,但是,偏航角的加入对轨迹点的整个信息都有影响,如图 5.17 所示,R 点为偏航角的转动轴,则在缠绕过程中,R 点处于机床的统一位置上,在没有偏航角的情况下,定义 p_1 为丝嘴中间点,其位置就是机床缠绕程序中对应坐标值,表述为 $p_1(p_{1x}, p_{1z})$,当偏航角为 θ 时,定义 p_2 为丝嘴中间点,表述为 $p_2(p_{2x}, p_{2z})$,则根据几何关系可得两者关系式(5.25)。根据该式可完成机床运动轨迹点位置信息的提取,进行在 $X_1Y_1Z_1$ 坐标中的转化即能得到机器人末端执行器姿态信息。如图 5.16 所示,坐标 $X_2Y_2Z_2$ 与机器人工具坐标系方向相同,假设工具坐标系为 $X_3Y_3Z_3$,则可将偏航运动视作丝嘴绕 Y_3 轴的转动,同时,由于偏航运动与丝嘴旋转运动之间的关联性,在处理机器人末端执行器姿态信息时,先让其绕 Y_3 轴的转动 θ,再依照当前坐标系的 Z 轴转动 φ,将两角度代入式(5.26)中,可得新的四阶变化矩阵 $\boldsymbol{T}_{J5}$,将各项进行右乘可得机器人末端执行器中点到基坐标系的姿态矩阵 $^0\boldsymbol{T}_{J5}$,如式(5.27)所示。

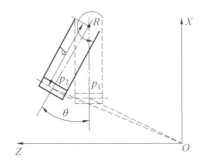

图 5.17　偏航角运动示意图

$$\begin{cases} p_{2x} = p_{1x} + d \times (1 - \cos\theta) \\ p_{2z} = p_{1z} + d \times \sin\theta \end{cases} \tag{5.25}$$

$$\boldsymbol{T}_{J5} = \begin{bmatrix} \cos\theta & 0 & \sin\theta & 0 \\ 0 & 1 & 0 & 0 \\ -\sin\theta & 0 & \cos\theta & 0 \\ 0 & 0 & 0 & 1 \end{bmatrix} \begin{bmatrix} \cos\varphi & -\sin\varphi & 0 & 0 \\ \sin\varphi & \cos\varphi & 0 & 0 \\ 0 & 0 & 1 & 0 \\ 0 & 0 & 0 & 1 \end{bmatrix} \tag{5.26}$$

$$^{0}\boldsymbol{T}_{J5} = {}^{0}\boldsymbol{T}_{1} \cdot {}^{1}\boldsymbol{T}_{2} \cdot \boldsymbol{T}_{J5} \tag{5.27}$$

通过式(5.24)与式(5.27)得到四阶矩阵$^{0}\boldsymbol{T}_{J4}$、$\boldsymbol{T}_{J5}$,再分别将所求得的姿态信息放置在其最后一列即可得到相对机器人基坐标系的坐标点。但是四轴与五轴螺旋缠绕程序中的点分布并不均匀,这里首先提取程序执行中的四坐标值或五坐标值中的最大值 MAX,然后,设置一个变量 v,并以该变量划分最大值,根据取整函数可得 $d =$ round(MAX/v),并以该值进行各坐标均值化处理,得到机器人坐标系下的末端执行器位姿点合集,防止出现所得逆解的连续点跳跃过大,导致缠绕轨迹不正确。

通过上文所述方式将所得到的位姿点进行逆解可得每个位姿点对应的关节点,将每个关节点数值进行存储,同时,由于缠绕的方向发生变化,对机床的主轴转动数值进行取反得到机器人缠绕时主轴的转动角度,将六个关节角与主轴转动角度相结合得到机器人的逆解合集,将该合集的数值以一定格式输出,即可得到机器人的逆解程序,完成机床四坐标程序与五坐标程序到 JR6150 型机器人的程序转化。

5.4.3　缠绕丝嘴轨迹仿真及实验验证

通过以上分析,完成了该缠绕机程序的转化,得到了机器人的缠绕程序。下面通过哈尔滨工业大学自主开发的缠绕运动仿真软件对末端执行器的轨迹进行绘制,验证机器人逆解缠绕程序的正确性。

机器人运动仿真界面如图 5.18 所示,共分为三个区间:左侧为模型运动仿真区,右侧为状态显示区及代码转化区。该程序各个功能区间可以完成以下工作。

(1)状态显示区:该区间主要对仿真中的机器人各个关节角的状态进行实时显示。同时,该区可以通过拖拽滑动条实现机器人各轴的独自旋转运动,也可以通过修改文本框数值使轴快速到达指定角度,通过手动更改关节角大小,实现机器人位置的直观显示。

(2)代码转化区:在进行代码转化前,由于缠绕芯模的位置不同,可以通过坐标区定义机器人程序起点,与芯模的程序起点位置匹配。通过螺旋四轴与螺旋五轴按钮进行原始 G 代码的导入,也可直接输入指定格式 G 代码,对代码进行修改,确定代码无误后,按下转化按钮,生成绝对式机器人 G 代码并跳转窗口,可实现机器人的运动仿真、绝对式 G 代码的导出,增量式按钮可以用于生成机器人增量式 G 代码转化及导出。

(3)模型运动仿真区:实现状态显示区手动拖拽的机器人运动显示,在机器人进行运动仿真时,对各轴的实时状态进行显示,同时,对机器人缠绕头丝嘴中心点的运动轨迹进行绘制显示。

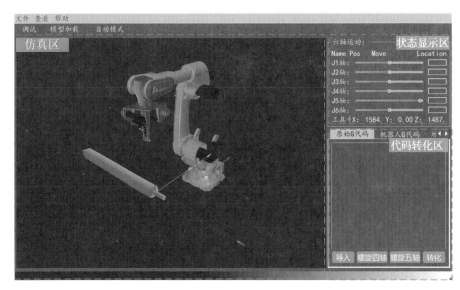

图 5.18　机器人运动仿真界面

结合以上功能,该仿真软件可完成机器人缠绕程序生成及仿真工作。通过该仿真软件对缠绕机床程序进行处理并求解机器人的运动程序,在完成程序转化后,对所求机器人程序进行运动仿真验证,如图 5.19(a)所示,机床的四坐标联动中,丝嘴的不会发生偏摆运动,程序时初始状态为丝嘴水平且轴线与芯模轴线平行,机器人的运动仿真轨迹显示正确;机床五坐标联动中,丝嘴受到偏摆的影响,在缠绕开始进行时,丝嘴状态就有所不同,如图 5.19(b)所示,丝嘴在初始状态就有一定角度的旋转且与芯模有固定角度,同时,机器人的运动仿真轨迹显示正确。至此,机器人的缠绕运动轨迹解算完成,且缠绕轨迹验证正确。

通过操作 JR6150 型机器人完成实验,图 5.20 所示为机器人在进行四坐标与五坐标螺旋缠绕时在丝嘴封头处的状态,与仿真所显示的姿态相同。图 5.21 所示为螺旋缠绕时,丝嘴位于筒身段的状态;图 5.22 所示为机器人的环向缠绕的状态。

综上,哈尔滨工业大学使用国产机器人 JR6150 进行纤维缠绕工作,采用 D-H 参数法对机器人进行了正运动分析,将几何法与解析法相结合对机器人进行了逆运动分析;分析得到机器人的运动链后,采用 Qt 进行了机器人仿真软件编写,实现了机器人逆解的可视化验证,同时,通过对运动轨迹的连续性分析及仿真,对机器人的逆解进行取舍;采用解析法对纤维缠绕机四坐标与五坐标螺旋缠绕的程序进行转化,生成了机器人缠绕程序,虚拟空间中进行了运动仿真检查,并通过机器人的干法螺旋缠绕与环向缠绕,验证了所提出理论与方法的正确性。

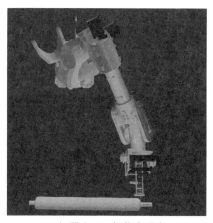
(a) 机器人四坐标仿真示意

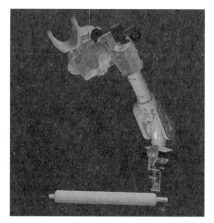
(b) 机器人五坐标仿真示意

图 5.19   机器人缠绕程序运动仿真验证

(a) 俯视图

(b) 侧视图

图 5.20   螺旋缠绕封头处丝嘴状态图

图 5.21   螺旋缠绕筒身段处丝嘴状态图

5.5   三通管的机器人缠绕成型

机器人缠绕系统由于本身就具有自由度多的优势,可以进行一些异型构件的缠绕

图 5.22　机器人环向缠绕

成型,如三通管(T 形管)。

　　三通管由圆柱面、圆环面和平面构成,如图 5.23 所示。对于三通管缠绕,缠绕轨迹设计时的难点是如何找出一条连续轨迹,使三通管的表面能够较均匀地布满纤维。对于轨迹设计而言,局部轨迹的规划是容易的,只需满足稳定条件和不架空条件即可。但是,全局规划出一条保证布满的轨迹是困难的。如果以最终的轨迹为直接设计目标,那么先设计的部分会影响到后设计的部分。而且若在设计过程中发现某段轨迹不合理,在其之后的轨迹都需要重新设计,导致设计迭代的工作量过大。究其原因是,串行的设计流程导致轨迹内部耦合严重。

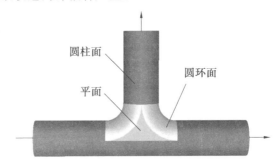

图 5.23　三通管示意图

　　为了降低轨迹内部的耦合度,本节提出“先分后总”的设计方法,即先设计多条连续轨迹,之后将其连接成一条完整的连续轨迹。在连接之前,各段轨迹之间没有依赖,修改某条轨迹并不需要修改其余轨迹。通过这种方法,将串行的设计流程改为并行的设计流程,降低了设计过程的耦合度。具体包括单面片、跨面片的轨迹生成方法和轨迹连接算法、三通管布满分析等。

5.5.1　三通管的缠绕轨迹特点分析

1.设计面片的概念

　　设计面片是缠绕轨迹设计的最小设计单位。设计面片由曲面、边界和设计点集组成,如图 5.24 所示。曲面是指模具的表面,边界限定了曲面的范围,设计点集是设计点的集合。设计点包括点的位置和此点的缠绕方向,由设计点可以生成一段缠绕轨迹。单个设计面片设计工作从初始的设计点集开始,首先为设计点集内的每个设计点生成缠绕轨迹,缠绕轨迹会覆盖设计面片的一部分区域。对于未覆盖的区域,添加新的设计点。循环此过程直至纤维全部覆盖曲面。

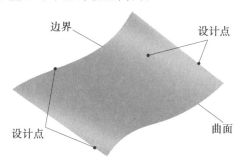

图 5.24　设计面片示意图

　　两个相邻的设计面片之间通过共有边界互相影响。如图 5.25 所示,有两个设计面片 S_1、S_2,其共有边界为 E。S_1 上存在设计点 P_1,为 P_1 生成的轨迹和边界 E 交于点 P_2。P_2 为 S_2 上新形成的设计点,需要以 P_2 为起点,生成 S_2 上的缠绕轨迹。由此可以看出来,对于一个设计面片来说,其设计点的来源可以分为三部分,分别是初始指定的设计点,以及为了覆盖内部而新产生的设计点和由相邻设计面片的轨迹生成的设计点。设计面片之间可以组合形成一个更大的设计面片。本章将三通管分为直管和 T 形结两种设计面片。直管包括一个圆柱面。T 形结由两个圆环面、两个平面和一个半圆柱面,共五个更基本的设计面片组成。因此可将三通管的缠绕轨迹设计转化为多个基本设计面片的缠绕轨迹设计。

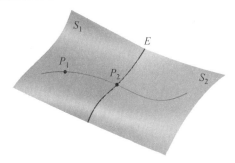

图 5.25　跨面片轨迹示意图

2.T 形结缠绕轨迹的特点

　　T 形结是指主管和支管的交叉部分,包括圆环面、圆柱面和平面,有三条边界,如

图 5.26 所示。T 形结上的轨迹遵循以下规律。

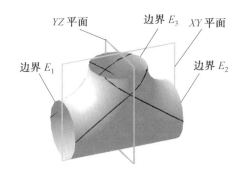

图 5.26　T 形结的对称轨迹

（1）每条轨迹在 T 形结上都对应另外三条轨迹。

T 形结的整体外形沿着 XY 和 YZ 平面对称，因此每设计出一条新轨迹都可以沿着两个对称面对称得到三条新轨迹，如图 5.26 所示。因此在设计 T 形结上的轨迹时，每生成一条轨迹都要生成另外的三条轨迹。

（2）T 形结三条边界上的每个设计点都对应至少一个对称设计点。

由（1）知，每条轨迹都对应另外三条与之对称的轨迹。因此三条轨迹在边界上的设计点集也沿着相对应的平面对称。在边界 E_1、E_2 上的每个设计点对应一个对称设计点，在边界 E_3 上的每个设计点对应两个对称设计点。这三条边界分别与管的三个圆柱段相连，由此可知，圆柱段边界上的设计点集也沿着相应的平面对称。

3.直管缠绕轨迹的特点

直管只包括圆柱面，只有一条边界。边界和 T 形结相接触，如图 5.27 所示。直管上的轨迹遵循以下规律。

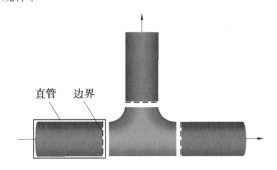

图 5.27　直管边界示意图

（1）直管上的轨迹与边界上有两个交点。

除去缠绕开始和缠绕结束时的轨迹段，直管上的大部分轨迹进入了圆柱面，最终也离开圆柱面。因此如果边界上的某点是进入点，那么其在边界上一定对应着一个离开点。

（2）直管上的轨迹一定有折返点，在折返点的切向垂直于主管的轴线。

容易理解，直管从边界进入，如果不存在折返点，轨迹上的点只会离边界越来越远，无法返回边界。

5.5.2　曲面的轨迹生成方法

由 5.5.1 节所述，三通管的轨迹规划问题可以分解为多个设计面片上的轨迹规划问题。常用的曲面轨迹生成方法有两种，即参数法和网格法。参数法是指建立曲面的参数方程，根据轨迹稳定条件推导轨迹解析式的方法。网格法是指将曲面离散成三角片集，并根据轨迹稳定条件在三角片集上规划缠绕轨迹的方法。三通管轨迹设计面片的类型包括圆环面、平面和圆柱面，形式都较简单，因此这里直接采用参数法生成缠绕轨迹。

曲面上的缠绕轨迹按照测地曲率是否为零可以分为测地线和非测地线。测地线是曲面上两点间最稳定的线型，但是自由度较少。在给定起始点和起始方向后，测地线是唯一的。圆环面为凹曲面，其上的轨迹容易架空。如果只采用测地线进行缠绕，设计的自由度过低，只能调整初始点和缠绕角避免架空。而往往从布满的角度考虑，初始设计点的位置和缠绕角是确定的。因此本章考虑采用使用非测地线作为纤维缠绕的轨迹。非测地线的测地曲率非零，在张力的作用下纤维会产生侧滑力。但是考虑到纤维和模具之间及纤维和纤维之间存在摩擦力，只要侧滑力不超过纤维之间的摩擦力即可保证轨迹的稳定性。侧滑力和正压力可分别用测地曲率 k_g 和法曲率 k_n 表征，本书采用滑线系数 λ 表征轨迹的稳定性，见式（5.28）。只要轨迹的滑线系数 λ 小于摩擦系数 μ，纤维就能在设计轨迹上保持稳定。

$$\lambda = \frac{k_g}{k_n} \tag{5.28}$$

由微分几何，曲面的第一类基本量 E、F 和 G 如式（5.29）所示。

$$\begin{cases} E = \boldsymbol{r}_u \cdot \boldsymbol{r}_u \\ F = \boldsymbol{r}_u \cdot \boldsymbol{r}_v \\ G = \boldsymbol{r}_v \cdot \boldsymbol{r}_v \end{cases} \tag{5.29}$$

式中　$\boldsymbol{r}_u$、$\boldsymbol{r}_v$ —— 曲面关于参数 u、v 的偏导数。

曲面的第二类基本量 L、M 和 N 如式（5.30）所示。

$$\begin{cases} L = -\boldsymbol{r}_u \cdot \boldsymbol{n}_u \\ M = -\boldsymbol{r}_u \cdot \boldsymbol{n}_v \\ N = -\boldsymbol{r}_v \cdot \boldsymbol{n}_v \end{cases} \tag{5.30}$$

式中　$\boldsymbol{n}_u$、$\boldsymbol{n}_v$ —— 曲面法向量关于参数 u、v 的偏导数。

曲面上参数坐标 u、v 的微分和弧长微分 s 之间的关系见式(5.31)。

$$\begin{cases} \dfrac{\mathrm{d}u}{\mathrm{d}s} = \dfrac{\cos \alpha}{\sqrt{E}} \\[2mm] \dfrac{\mathrm{d}v}{\mathrm{d}s} = \dfrac{\sin \alpha}{\sqrt{G}} \end{cases} \tag{5.31}$$

式中 α—— 曲线与曲面的 u 曲线的夹角(rad)。

曲面上的法曲率 k_n 和测地曲率 k_g 见式(5.32)。

$$\begin{cases} k_n = \dfrac{L\mathrm{d}^2 u + 2M\mathrm{d}u\mathrm{d}v + N\mathrm{d}^2 v}{E\mathrm{d}^2 u + 2F\mathrm{d}u\mathrm{d}v + G\mathrm{d}^2 v} \\[3mm] k_g = \dfrac{\mathrm{d}\alpha}{\mathrm{d}s} - \dfrac{\cos u}{2\sqrt{G}}\dfrac{\partial\ln E}{\partial v} + \dfrac{\sin \theta}{2\sqrt{E}}\dfrac{\partial\ln G}{\partial u} \end{cases} \tag{5.32}$$

将式(5.28)与式(5.32)联立得到 α 关于弧长参数 s 的微分方程:

$$\dfrac{\mathrm{d}\alpha}{\mathrm{d}s} = \lambda \dfrac{L\mathrm{d}^2 u + 2M\mathrm{d}u\mathrm{d}v + N\mathrm{d}^2 v}{E\mathrm{d}^2 u + 2F\mathrm{d}u\mathrm{d}v + G\mathrm{d}^2 v} + \dfrac{\cos \alpha}{2\sqrt{G}}\dfrac{\partial\ln E}{\partial v} + \dfrac{\sin \alpha}{2\sqrt{E}}\dfrac{\partial\ln G}{\partial u} \tag{5.33}$$

综合式(5.31)和式(5.33),得到曲面上非测地线轨迹所满足的微分方程组,见式(5.34)。

$$\begin{cases} \dfrac{\mathrm{d}\alpha}{\mathrm{d}s} = \lambda \dfrac{L\mathrm{d}^2 u + 2M\mathrm{d}u\mathrm{d}v + N\mathrm{d}^2 v}{E\mathrm{d}^2 u + 2F\mathrm{d}u\mathrm{d}v + G\mathrm{d}^2 v} + \dfrac{\cos \alpha}{2\sqrt{G}}\dfrac{\partial\ln E}{\partial v} + \dfrac{\sin \alpha}{2\sqrt{E}}\dfrac{\partial\ln G}{\partial u} \\[3mm] \dfrac{\mathrm{d}u}{\mathrm{d}s} = \dfrac{\cos \alpha}{\sqrt{E}} \\[3mm] \dfrac{\mathrm{d}v}{\mathrm{d}s} = \dfrac{\sin \alpha}{\sqrt{G}} \end{cases} \tag{5.34}$$

1. T 形结的轨迹生成算法

(1) 设计面片的轨迹生成算法。

T 形结包括三种类型的面片,分别是圆环面、平面和圆柱面,如图 5.23 所示。下面逐一阐述不同设计面片上的轨迹生成算法。

① 圆环面。为圆环面建立的坐标系如图 5.28 所示。R 和 r 定义了圆环面的尺寸。p 为圆环面上的一点,u 和 v 为参数坐标。

圆环面关于参数 u、v 的方程为

$$S(u,v): \begin{cases} x = R\cos u + r\cos v\cos u \\ y = R\sin u + r\cos v\sin u \\ z = r\sin v \end{cases} \tag{5.35}$$

将式(5.35)代入式(5.29)、式(5.30)得到圆环面的第一类基本量和第二类基本量为

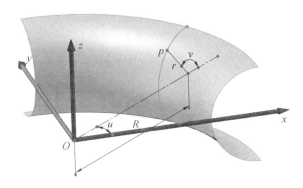

图 5.28　圆环面坐标系

$$
\begin{cases}
E = (R + r\cos v)^2 \\
F = 0 \\
G = r^2
\end{cases}
\tag{5.36}
$$

$$
\begin{cases}
L = -(R + r\cos v)\cos v \\
M = 0 \\
N = -r
\end{cases}
\tag{5.37}
$$

将式(5.36)、式(5.37)代入式(5.34)得到关于弧长参数 s 的微分方程组:

$$
\begin{cases}
\dfrac{\mathrm{d}\alpha}{\mathrm{d}s} = \lambda\left(-\dfrac{\cos v\cos^2\alpha}{R + r\cos v} - \dfrac{\sin^2\alpha}{r}\right) - \dfrac{\sin v\cos\alpha}{R + r\cos v} \\[3mm]
\dfrac{\mathrm{d}u}{\mathrm{d}s} = \dfrac{\cos\alpha}{R + r\cos v} \\[3mm]
\dfrac{\mathrm{d}v}{\mathrm{d}s} = \dfrac{\sin\alpha}{r}
\end{cases}
\tag{5.38}
$$

值得一提的是,多数文献中提到的非测地线微分方程组都是以曲面参数 u 为自变量。其可通过消去式(5.38)中的 s 得到,如公式(5.39)所示。

$$
\begin{cases}
\dfrac{\mathrm{d}\alpha}{\mathrm{d}u} = \lambda\left[-\cos v\cos\alpha - \dfrac{\sin^2\alpha(R + r\cos v)}{r\cos\alpha}\right] - \sin v \\[3mm]
\dfrac{\mathrm{d}v}{\mathrm{d}u} = \dfrac{R + r\cos v}{r}\tan\alpha
\end{cases}
\tag{5.39}
$$

下面用算例验证这两类微分方程的优劣。算例中圆环面的参数为 $R = 100, r = 20$,非测地线起点的参数坐标为 $u = \pi/4, v = \pi$,滑线系数 $\lambda = 0.1$。本章使用四阶龙格－库塔方法分别求解式(5.38)、式(5.39),得到非测地线的参数坐标,将参数坐标转化为三维坐标,绘制得到缠绕轨迹如图 5.29 所示。从图 5.29(a) 中可以看出,在轨迹即将折返时,数值发生了振荡。这是因为式(5.39)中的 $1/(\cos\alpha)$ 和 $\tan\alpha$ 项在 α 接近 $\pi/2$ 时出现了无穷大,数值计算不再收敛。在图 5.29(b) 中,采用弧长参数为自变量的微分方程组的数值未发生振荡现象,正常折返。因此本章在所有曲面的非测地线的求解中都使用以弧长参数 s 为自变量的微分方程组作为待求解的方程组。

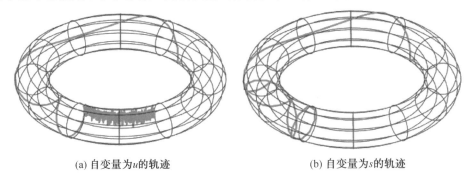

(a) 自变量为u的轨迹   (b) 自变量为s的轨迹

图 5.29   两类微分方程的求解结果

② 圆柱面。为圆柱面建立的坐标系如图 5.30 所示。

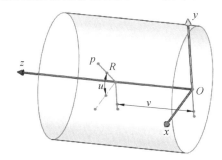

图 5.30   圆柱面坐标系

圆柱面关于参数 u、v 的参数方程为

$$S(u,v):\begin{cases} x = R\cos u \\ y = R\sin u \\ z = v \end{cases} \tag{5.40}$$

将式(5.40)代入式(5.29)、式(5.30)得到圆柱面的第一类基本量和第二类基本量为

$$\begin{cases} E = R^2 \\ F = 0 \\ G = 1 \end{cases} \tag{5.41}$$

$$\begin{cases} L = -R \\ M = 0 \\ N = 0 \end{cases} \tag{5.42}$$

将式(5.41)、式(5.42)代入式(5.34)得到关于弧长参数 s 的微分方程组：

$$\begin{cases} \dfrac{\mathrm{d}\alpha}{\mathrm{d}s} = -\dfrac{\lambda\cos^{2}\alpha}{R} \\[3mm] \dfrac{\mathrm{d}u}{\mathrm{d}s} = \dfrac{\cos\alpha}{R} \\[3mm] \dfrac{\mathrm{d}v}{\mathrm{d}s} = \sin\alpha \end{cases} \tag{5.43}$$

利用四阶龙格－库塔方法求解式(5.43)即可得到圆柱面上的非测地线缠绕轨迹。

③平面。所有平面曲线的法曲率 $k_n = 0$，如果纤维沿着法曲率为 0 的轨迹缠绕，则纤维和模具之间没有正压力，也就没有摩擦力，无法抵消非测地线的侧滑力。因此平面上的非测地线是不稳定的，不适合用作缠绕轨迹。综上所述，平面上的缠绕轨迹就是由起点和起点方向所确定的一条直线。

在不同类型面片上生成非测地线轨迹的算法流程是相同的，只是所需要求解的微分方程组有差别。算法的输入是初始点的三维坐标及切向量。在将世界坐标系下的三维坐标向面片的参数坐标转换时，先通过变换矩阵将其转换为面片局部坐标系下的三维坐标，再变换为参数坐标。算法内部的迭代量是当前点的参数坐标：$u、v、\alpha$。通过龙格－库塔方法求解方程组，用得到的值不断更新当前点的参数直至到达面片的边界。每得到新的参数解都要对其判定是否越界。越界的判断依据是超过了预先定义的参数范围。CAD/CAM 程序中预先为每个面片定义了参数范围，如果某点的参数超过了此范围，则可判定为越界。对于圆柱面和圆环面，u 和 v 都对应着一个区间。对于平面中的圆弧边界，u 和 v 的关系只能用关系式表达，并非固定的区间。算法的输出是缠绕轨迹的三维点及切向量。把参数坐标中的 u 和 v 代入面片参数方程中可以得到三维点坐标。切向量 $\boldsymbol{d}$ 可以通过式(5.44)计算：

$$\boldsymbol{d} = \boldsymbol{r}_u\cos\alpha + \boldsymbol{r}_v\sin\alpha \tag{5.44}$$

单个设计面片的轨迹生成流程图如图 5.31 所示。

(2)面片间的拓扑关系。

T 形结由多个设计面片拼接形成，其缠绕轨迹的两个端点都在图 5.26 所示的三条边界上。轨迹跨越了多个面片，因此需要综合多个面片的轨迹生成算法生成 T 形结上完整的缠绕轨迹。

跨面片的轨迹算法需要根据面片间的拓扑关系，确定不同面片上的算法调用顺序。在建立面片间的拓扑关系之前，首先需要为面片和面片上的边界编号，编号结果如图 5.32 所示。在图 5.32 中，两个圆环面、两个平面和一个半圆柱面分别被命名为"ring0""ring1""plane0""plane1""cylinder4"。边界的命名规则为"曲面名称缩写.边界序号"，比如，圆环面"ring0"的四条边界的名称分别为："r0.1""r0.2""r0.3""r0.4"。

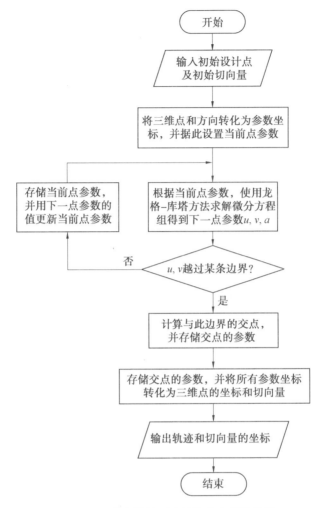

图 5.31　单个设计面片的轨迹生成流程图

　　据此建立 T 形结面片间的拓扑关系,如表 5.4 所示,表中每个面片都对应着多个索引值对。每个索引值对包含索引和值,索引是当前面片的边界的名称,值是与此边界重合的另一边界的名称。NULL 代表无重合的内部边界。如果某个索引的值是 NULL,那么此索引所代表的边界就是 T 形结的边界。从表 5.4 可以看出 T 形结的边界由六条边界组成,分别是"r0.1""r0.2""r1.1""r1.2""c4.3""c4.4"。

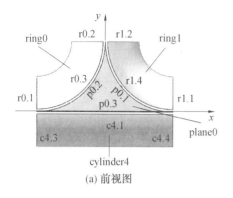

(a) 前视图

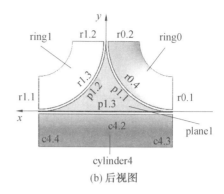

(b) 后视图

图 5.32　T形结各面片和各边界的名称

表 5.4　T形结面片间的拓扑关系

面片	ring0		ring1		plane0		plane1		cylinder4	
	索引	值	索引	值	索引	值	索引	值	索引	值
索引值对	r0.1	NULL	r1.1	NULL	p0.1	r1.4	p1.1	r0.4	c4.1	p0.3
	r0.2	NULL	r1.2	NULL	p0.2	r0.3	p1.2	r1.3	c4.2	p1.3
	r0.3	p0.2	r1.3	p1.2	p0.3	c4.1	p1.3	c4.2	c4.3	NULL
	r0.4	p1.1	r1.4	p0.1	—	—	—	—	c4.4	NULL

　　T形结的轨迹生成算法需要根据面片间的拓扑关系,按照一定顺序调用相关面片的轨迹生成算法。算法的输入是三维点和缠绕方向,首先调用三维点所在面片的轨迹算法,生成当前面片上的轨迹。当轨迹到达面片的边界时,以此边界作为索引,查询下一边界,如果下一边界的值不为 NULL,则可以从下一边界的名称中提取信息得到下一面片。紧接着将终止点和终止点处的切向作为新的设计点和缠绕方向,在下一面片上生成缠绕轨迹,重复此过程,直至到达 T形结的边界。此时只完成了初始设计点的单向轨迹的生成。下一步将初始缠绕方向反向,重复之前的计算过程可以得到另一方向的轨迹。将两端轨迹综合起来即可得到 T形结上完整的缠绕轨迹。跨画片轨迹生成流程图如图 5.33 所示。

　　本书的 CAD/CAM 系统实现了上述算法,如图 5.34 所示。初始设计点由用户点击选取 T形结上的点确定,初始缠绕方向和滑线系数由输入决定。

2.直管的轨迹生成算法

　　三通管总体轨迹设计可以转化成为多个面片生成轨迹。通过在 T形结上布置设计点生成的缠绕轨迹会在 T形结的边界上形成新的设计点。直管上的缠绕轨迹则根据这些设计点生成。

　　直管依旧采用图 5.30 所示的坐标系。由 5.5.1 节可知,直管上的缠绕轨迹在折

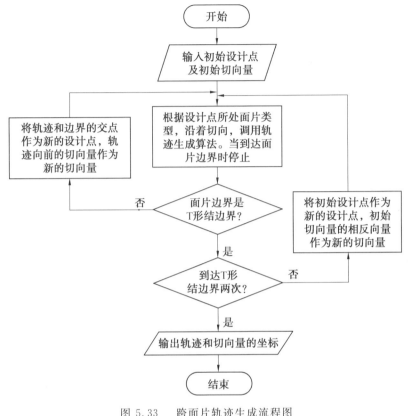

图 5.33　跨面片轨迹生成流程图

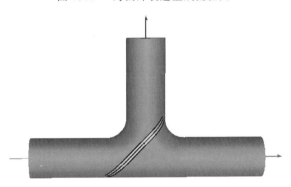

图 5.34　T 形结上跨面片的轨迹

返点的切向量与轴线垂直,即折返点的 $\alpha \in \{0, \pi\}$。下面研究从设计点出发到折返点的轨迹。由式(5.43)可以计算直管上的非测地线轨迹,但是由于 λ 未知,因此需要首先确定 λ 的值。式(5.43)中的第三个微分方程对弧长参数 s 积分得到求解 λ 的式(5.45):

$$\lambda = \frac{R}{v - v_0}\left(\frac{1}{\cos \alpha_0} - \frac{1}{\cos \alpha}\right) \tag{5.45}$$

式中　　v_0、α_0——缠绕轨迹在起点的长度坐标（mm）和缠绕角（rad）。

为了得到 λ 的值还需要确定折返点的 v 和 α 值。α 是缠绕轨迹和 u 曲线的夹角，如果起始点的 $\alpha_0 \in (0, \pi/2)$，则 $\alpha = 0$；如果起始点的 $\alpha_0 \in (\pi/2, \pi)$，则 $\alpha = \pi$。v 的值设定会影响到起点 α_0 参数的范围，v 值越大，所允许的 α_0 就越接近 $\pi/2$。为了让 T 形结处的轨迹所受的约束更少，这里取 v 的最大值，即直管的长度。在 v 和 α 都确定后，即可得到 λ 的值。

对式（5.43）的微分方程组进行积分并整理，可以得到缠绕轨迹的参数值如式（5.46）所示：

$$\begin{cases} \alpha = \arctan\left(\tan \alpha_0 - \frac{\lambda}{R}s\right) \\ u = u_0 + \frac{1}{\lambda}\left(\ln\left|\frac{1}{\cos \alpha_0} + \tan \alpha_0\right| - \ln\left|\frac{1}{\cos \alpha} + \tan \alpha\right|\right) \\ v = v_0 + \frac{R}{\lambda}\left(\frac{1}{\cos \alpha_0} - \frac{1}{\cos \alpha}\right) \end{cases} \tag{5.46}$$

式中　　u_0——缠绕轨迹在起点的转角坐标（rad）。

利用式（5.46）计算中间点的轨迹，首先需要求得中间点的 α 值。为了让中间点序列之间的间隔更加均匀，并不直接均分初始点和折返点的 α 所形成的区间。而是设定固定的弧长间隔，使用式（5.46）中的第一式生成 α 序列。得到中间点的 α 序列后，逐点代入式（5.46）即可得到中间点的参数坐标序列，根据式（5.40）将参数坐标序列转化为三维点坐标序列，并变换到三通管坐标系，如此便生成了直管上的缠绕轨迹。图 5.35 展示了直管上的轨迹。

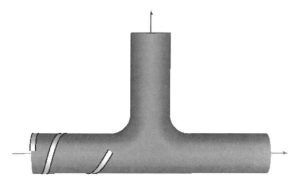

图 5.35　直管上的轨迹

3. 轨迹连接算法

直管上完整的轨迹的两个端点都应该在边界上，5.5.2 节的算法只能生成初始点到折返点之间的算法,折返点之间还需要连接起来,才能获得完整的轨迹。图5.36(a)和(b)为未连接的轨迹的前视图和后视图,在直管的折返点处,轨迹终止。对于图5.36中所示轨迹只有一种连接方法,即将图中折返点 A 和折返点 B 用一端圆弧连接起来。但是有较多未连接的轨迹时,轨迹连接的方式将会非常多。

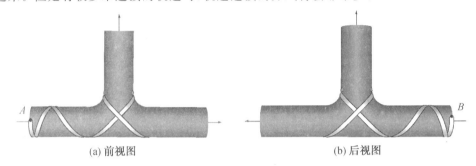

(a) 前视图　　　　　　　　　　　　　　　(b) 后视图

图 5.36　未连接的轨迹

下面分析轨迹连接方式的数量。并非任何两段轨迹都能互相连接,只有缠绕方向相反的轨迹才能连接成一条轨迹。由5.5.1节可知,直管上的未连接轨迹成对存在。假设一段直管上的未连接轨迹为 N 对,每一对包含两个缠绕方向相反的轨迹,则共有 $N!$ 种连接方式。而三通管共有三段直管,其连接方式更多。因此,设计人员不应当积攒过多的未连接轨迹。原因有二:① 过多的未连接轨迹会造成算法运算量过大,运算速度过慢;② 连接算法不保证线型的实际缠绕顺序和线型设计顺序相同。三通管有两个对称面,缠绕中也希望线型的缠绕顺序有对称性,能够在同一层形成整齐的网格图案。但是本书提到的连接算法并未考虑此点,缠绕设计时交织的网格图案可能不在同一层。因此为了缠绕轨迹对称整齐,设计时应当尽早连接轨迹。

缠绕轨迹最基本的要求就是连续、不成环。连接算法是为了将离散的轨迹连接成一条连续的轨迹,但是不能在连接过程中引入环。图5.37说明了不恰当的连接可能会在轨迹中引入环。图中同种颜色的轨迹代表由对称设计点生成的一对轨迹。一对轨迹的倾斜方向相反,代表具有不同的缠绕方向,只有缠绕方向相反的才能互相连接。本书将经过直管的轨迹分为内部轨迹和外部轨迹。图5.37中,紫色轨迹为内部轨迹,橙色和蓝色轨迹为外部轨迹。内部轨迹的两端都在直管中,而外部轨迹只有一端在直管中。连接两个内部轨迹的一端,得到的新轨迹依旧是内部轨迹。将内部轨迹和外部轨迹的一端连接,得到的是外部轨迹。因此在连接的过程中,内部轨迹可以被逐步转化为外部轨迹。如果将同一内部轨迹的两端连接,就会得到环。图中紫色轨迹作为内部轨迹,两个端点被连接起来,形成了一个环。成环后,此轨迹和别的轨迹隔离,缠绕过程中不会沿着成环轨迹缠绕。因此在连接过程中要避免形成环状轨迹。

实际上,并非所有的轨迹都能不成环地连接。如果不存在不成环的连接方式,则本书"先分后总"的设计思想不能实现。由定理5.1,在满足一定条件下,一定存在不

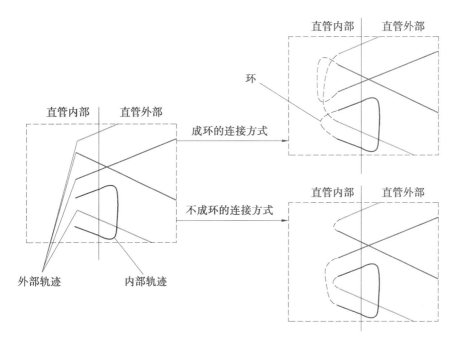

图 5.37　　不同连接方式得到的轨迹(彩图见附录)

成环的连接方式,而此条件非常容易满足。

定理 5.1:只要直管上有外部轨迹,则可以不成环地连接直管的所有轨迹。

采用构造性证明方法证明此定理。本书将两个端点之间相连称为一次连接。连接规则为优先和不成环的内部轨迹连接。按照此方法连接得到的轨迹不存在环,证明如下。在满足前提条件的情况下,直管可以分成两类:① 直管上全部为外部轨迹;② 直管上有外部轨迹和内部轨迹。 对于第一类直管,外部轨迹之间任意连接都不会出现环,定理得证。

对于第二类直管,根据给定的第一条轨迹的类型可以分成两种情况,轨迹是内部轨迹或是外部轨迹。

假定给定轨迹是内部轨迹,则根据规则和不成环的内部轨迹连接,得到一个新的内部轨迹,如图 5.38(a) 所示。因为是和不成环的内部轨迹连接,所以以新轨迹不会形成环,同时未消耗外部轨迹,直管上依旧是外部轨迹和内部轨迹并存的状态。 如果无法找到不成环的内部轨迹进行连接,则和外部轨迹连接,此时得到的是一个新的外部轨迹,内部轨迹和外部轨迹连接不会形成环。这种连接方式消耗了一条外部轨迹和一条内部轨迹,生成了一条外部轨迹,如图 5.38(b) 所示。如果连接后的直管变成了第一类的直管,根据前述知定理 5.1 成立。如果连接后的直管依旧是第二类直管,则此步骤进行下去,剩下的最后两条轨迹一定包含一条内部,一条外部轨迹。将此两条轨迹连接不会成环。定理 5.1 得证。

假定给定轨迹是外部轨迹,则在连接过程中一直存在外部轨迹,只要存在外部轨迹就会有不成环的连接方法。定理 5.1 得证。

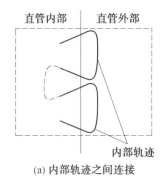

(a) 内部轨迹之间连接

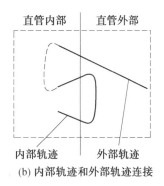

(b) 内部轨迹和外部轨迹连接

图 5.38　直管上轨迹连接

根据定理 5.1 设计了轨迹的连接算法,具体算法的流程如图 5.39 所示。给定直管上轨迹的一端,然后遍历其余轨迹的所有端点。将所有缠绕方向相反的轨迹端点添加到一个集合中。由于是添加的其余轨迹的所有端点,因此如果给定的端点是内部轨迹的端点,那么内部轨迹的另一个端点不会被添加到集合中。如果集合中存在其他内部轨迹的端点,则从集合中排除所有外部轨迹的端点。然后从集合中选取距离给定轨迹端点曲面距离最近的端点,并将这两个端点用圆弧连接起来。

图 5.40 中展示了将图 5.36 中的轨迹连接得到的轨迹。连接算法中选用距给定轨迹端点最近的端点作为连接点是从减少缠绕厚度的不均匀程度考虑的。因为本书中将距离直管边界最远处的平面作为转折点的平面,转折点都在一个平面上折返,而转折点的 $\alpha = 90°$,转折点处的纤维堆积最为严重。所以为了减少厚度的不均匀性,连接所用的圆弧的长度越短越好。

5.5.3　缠绕轨迹的布满分析

只有表面布满纤维,制品的强度才会均匀。因此有必要研究如何将三通管布满轨迹。目前国内外关于三通管的布满研究很少,大多数研究都关注于回转模具。对于回转模具,从轨迹设计者的角度来看,回转体模具只要给出初始缠绕条件,生成一个来回的轨迹作为模板线,然后将模板线多次旋转即可布满回转模具。然而迄今为止,依旧没有简洁的理论指导如何布满三通管。究其原因是三通管上的缠绕轨迹不具有回转对称性,轨迹之间不具有相似性,因而不存在能够重复利用的"模板线"。本章不从数学理论上研究三通管的全局布满方法,而是从实践角度研究如何利用 CAD/CAM 工具布满三通管。

为了研究纤维覆盖的区域就必须考虑纤维束的带宽。对于无捻纤维束来说,其由多根纤维组成,纤维之间呈平行关系。因此可以将规划的纤维轨迹沿着曲面平移,从

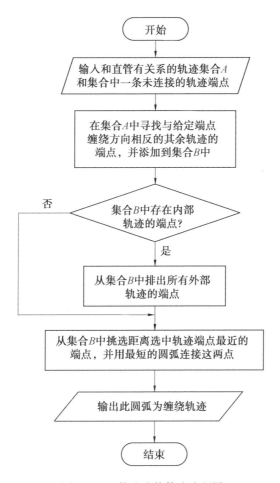

图 5.39　轨迹连接算法流程图

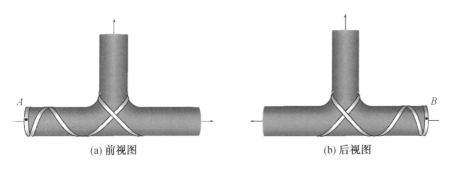

(a) 前视图　　　　　　　　　　　　　(b) 后视图

图 5.40　连接后的轨迹

而得到一条新轨迹。它所代表的就是纤维束中其余纤维的轨迹。将纤维束的中心线沿着两个相反的方向平移半个带宽所得到的两条轨迹就是带宽的边界。本章的平移曲线是通过将原曲线上的每个点沿着垂直方向行走相同的测地距离后得到的。如图 5.41 所示,L_1 为原曲线,L_2 为垂直平移后的曲线,平移距离为 s。点的平移计算在 T 形结的轨迹生成算法基础上将计算范围从 T 形结扩展到了整个三通管,因为 T 形结边界附近的点可能会平移到 T 形结之外。

在 CAD/CAM 系统中实现了带宽显示后,可以直观地反映纤维的覆盖情况。设计人员可以根据覆盖情况,设置新的设计点逐渐布满三通管。下面分别考虑 T 形结和直管的具体布满方法。

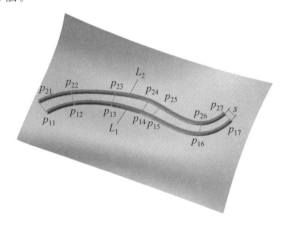

图 5.41　曲面上的平移轨迹

1. T 形结布满

T 形结的布满大体上有规律可循,最基础的线型如图 5.42 所示,设计点在曲线 L_1 上。在图 5.42(a) 中的同一设计点上,生成了三条缠绕轨迹 S_1、S_2 和 S_3,其初始的缠绕角度分别为 $30°$、$45°$ 和 $60°$。这三条轨迹在主管上边界上形成的三个设计点的缠绕角度 α 大小顺序为:$90° < \alpha_1 < \alpha_2 < \alpha_3 < 180°$。对于直管来说,滑线系数的作用是在直管的长度以内,将边界设计点的缠绕角度变化到 $0°$ 或 $180°$,直管越长,所需要的滑线系数就越小。假如给定了滑线系数的最大绝对值后,根据式(5.46)的第三式,可得边界设计点缠绕角度的极值,见式(5.47)。从式(5.47)中可以看出边界设计点的缠绕角度的极值只和长径比 $\dfrac{l}{R}$、滑线系数 λ 的极值有关。因此如果主管和支管的长径比不同,则其边界设计点缠绕角度的极值也不同。如果边界设计点的缠绕角超出了式(5.47)的限定范围,则无法在直管长度内完成轨迹的折返。因此在设计 T 形结的缠绕轨迹时,需要考虑到各个直管的长径比设定缠绕角度。

$$\alpha_0 = \begin{cases} \arccos\left(\dfrac{1}{(l/R)\cdot\lambda_{\max}+1}\right), & \alpha_0 < \dfrac{\pi}{2} \\ \arccos\left(\dfrac{1}{(l/R)\cdot\lambda_{\min}-1}\right), & \alpha_0 > \dfrac{\pi}{2} \end{cases} \tag{5.47}$$

式中　$\lambda_{\max}$、$\lambda_{\min}$——最大滑线系数和最小滑线系数，$\lambda_{\max} = -\lambda_{\min}$；

　　　　α_0——边界设计点缠绕角的极值（rad），$\alpha_0 \in [0, \pi/2) \cup (\pi/2, \pi]$；

　　　　l——直管长度（mm）。

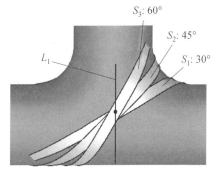
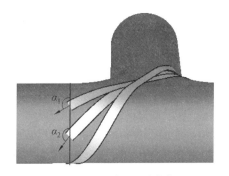

(a) 不同缠绕角对应的轨迹　　　　　　(b) 边界设计点的缠绕角

图 5.42　不同缠绕角度的轨迹

　　沿着图 5.42 中的 L_1 生成的一系列缠绕轨迹已经将 T 形结绝大部分布满，只剩轴肩和正面的一部分区域尚未布满，如图 5.43(a) 所示。在未布满区域中拾取新的设计点，生成新的缠绕轨迹。经过几次迭代设计后，最终完成了 T 形结的布满，如图 5.43(b) 所示。布满的过程中要注意 T 形结上两处过渡区域的轨迹，当出现架空时，通过调整缠绕角度和滑线系数避免架空。

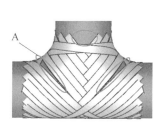

(a) T形结中未布满区域

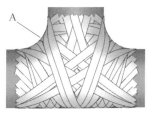

(b) T形结布满区域

图 5.43　T 形结布满过程示意图

2. 直管布满

上节中T形结上的轨迹在三段直管边界上生成的新的设计点和缠绕方向,以此为输入,使用5.5.2节中的算法生成直管上的轨迹,如图5.44所示。图中直管上零散而对称地分布着未布满区域。如果不依靠CAD/CAM的图形显示,仅靠数学理论很难预测哪些区域尚未布满,这里也说明了对于三通管缠绕来说,研究CAD/CAM技术的必要性。

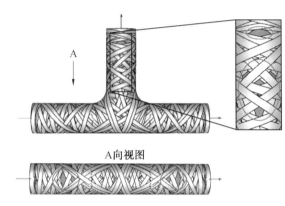

图 5.44　由 T 形结轨迹延伸生成的直管轨迹

在本书开发的 CAD/CAM 系统中除了能在 T 形结上自由设置设计点,也能在直管上设置设计点。图 5.45(a)展示了在直管上的未覆盖区域插入新设计点的过程,插入后的轨迹会在 T 形结的边界上产生新的设计点,同时在 T 形结上生成轨迹。图 5.45(b)展示了经过连接后最终布满的 T 形结的轨迹。图5.45(b)的最外层和图 5.45(a)中的最外层轨迹不同是因为图 5.45(a)中的轨迹没有经过连接,显示顺序遵从设计顺序。图5.45(b)中的轨迹经过连接后,显示顺序和缠绕顺序一致。

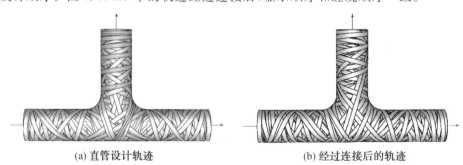

(a) 直管设计轨迹　　　　　　　　　(b) 经过连接后的轨迹

图 5.45　三通管的缠绕轨迹

生成缠绕轨迹只是缠绕成型的第一步,缠绕成型后还需要对缠绕轨迹进行后置处理,生成三通管缠绕的运动路径。后置处理包括:通过添加约束,计算出纱点的位置;分析讨论缠绕运动中的干涉情况,研究合理的避障算法;进行运动坐标的解算;生产缠绕代码等。

5.5.4　出纱点位置求解

纤维缠绕中的悬纱指的是处于缠绕头和模具之间的悬空纤维,出纱点指的是纤维离开缠绕头的点,落纱点指的是悬纱和模具接触的点,如图 5.46 所示。缠绕过程中落纱点沿着规划的纤维轨迹不断运动,出纱点和落纱点之间的连线与纤维轨迹在落纱点的切线重合。只要确定悬纱的长度,就能唯一确定出纱点的位置。悬纱长度可以是设定的固定常量,或是通过和平面曲线求交点得到。悬纱长度为固定常量的后处理方法,只适用于凸回转体。对于凹回转体和三通管,固定的悬纱长度可能会引起设备和模具碰撞干涉。本书采用将出纱点约束在包络面上进而确定悬纱长度。

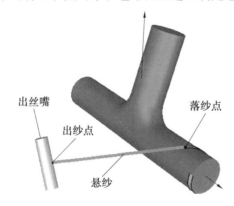

图 5.46　缠绕概念示意图

包络面的形状和三通管的形状相似,只是主管和支管之间不采用圆环面过渡而是直接相贯,如图 5.47(a) 所示。图中包络面的两段圆柱面的直径相等,并且大于三通管的内径,具体相差的数值取决于缠绕头的大小,保证缠绕头不和模具相撞即可。包络面的三个开口处由平面封上。包络面中的平面距离三通管的开口平面也具有一定的距离。在本书开发的 CAD/CAM 系统中,包络面的参数可通过设计人员输入确定,如图 5.47(b) 所示。

确定了包络面的几何尺寸,便可计算出纱点的位置。落纱点的位置和切向量在轨迹生成中已经得到,接下来需要求解空间射线和包络面的交点。求解的方法和曲面的形式有关。包络面中共有两种类型的曲面,即圆柱面和平面。接下来将分别讨论两种曲面的求解方法。

依旧采用图 5.30 中的坐标系,空间直线方程见式(5.48)。

$$l:(x_0 + t \cdot e_x, y_0 + t \cdot e_y, z_0 + t \cdot e_z) \tag{5.48}$$

式中　　x_0、y_0、z_0——落纱点在圆柱面坐标系中的坐标(mm);

　　　　e_x、e_y、e_z——轨迹在出纱点处沿缠绕方向的切向量在圆柱面坐标系中的坐标(mm)。

面向航天的复合材料纤维缠绕装备及工艺

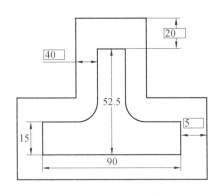

(a) 直接相贯的包络面 　　　　　　(b) CAD/CAM 系统中定义包络面

图 5.47　　三通管包络面(单位：mm)

圆柱面的方程见式(5.49)。

$$S: x^2 + y^2 = R^2, \quad z \in (0, l) \tag{5.49}$$

式中　　l——圆柱面的长度(mm)。

将式(5.49)代入式(5.48)得到关于 t 的方程：

$$(e_x^2 + e_y^2)t^2 + 2(x_0 e_x + y_0 e_y)t + x_0^2 + y_0^2 - R^2 = 0 \tag{5.50}$$

如果 $e_x^2 + e_y^2 = 0$，则说明直线平行于轴线，与圆柱面不相交；如果 $e_x^2 + e_y^2 \neq 0$，则 t 的解有两个，见式(5.51)。

$$\begin{cases} t_1 = \dfrac{-(x_0 e_x + y_0 e_y) - \sqrt{R^2(e_x^2 + e_y^2) - (e_y x_0 + e_x y_0)^2}}{e_x^2 + e_y^2} \\[4mm] t_2 = \dfrac{-(x_0 e_x + y_0 e_y) + \sqrt{R^2(e_x^2 + e_y^2) - (e_y x_0 + e_x y_0)^2}}{e_x^2 + e_y^2} \end{cases} \tag{5.51}$$

将两个解代入式(5.48)即可得到直线与圆柱面的交点。之后，判断交点的 z 坐标，只保留 z 坐标在 $(0, l)$ 范围内的交点。

下面将求解与圆面相交的交点坐标。直线的方程依旧如式(5.48)所示，只是相对应的是圆面的坐标系。这里设置圆面坐标系为 z 轴垂直于圆面的右手坐标系，则直线与圆面的交点坐标，见式(5.52)。将式(5.52)中的坐标转化为三通管坐标系即可得到最终的坐标。

$$P: \left(x_0 - \frac{e_x}{e_z} z_0, \ y_0 - \frac{e_y}{e_z} z_0, \ 0 \right) \tag{5.52}$$

上文叙述了求解直线和封闭圆柱面的交点的方法，流程是先求解和圆柱面的交点，如果和圆柱面没有交点，则求解和两端的圆面的交点。但是包络面是由三个圆面和两个相贯圆柱面组成的，而且圆柱面并非完整的圆柱面，如图 5.47(a)所示。编写针对残缺圆柱面求解算法较为困难。本书通过判断得到的点是否在圆柱内部使得只需要编写完整圆柱面的求解算法即可完成计算。如图 5.48 所示，蓝色线段为从落纱

点 c_0 出发,沿缠绕轨迹切向量的射线。首先是求解和圆柱面 S_2 的交点得到 p_0 和 p_2,判断交点是否在圆柱面 S_1 内部,发现 p_0 在 S_1 内部,因此剔除 p_0 解,只保留 p_2。然后求解射线和圆柱面 S_1 的解得到 p_1,检查发现 p_1 位于圆柱面 S_2 的内部,因此 p_1 点舍去,合理的解就只有 p_2。值得一提的是,如果存在多个合理的解,则取距离出纱点 c_0 最近的解为最终解。

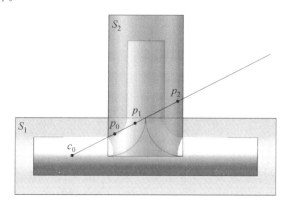

图 5.48　　出纱点求解(彩图见附录)

5.5.5　出纱点引起的干涉分析

三通管缠绕过程中的干涉包括悬纱和模具的干涉或者缠绕头和模具的干涉。本节将研究在三通管缠绕中由出纱点位置引起的干涉,分析形成干涉的原因,并提出相应的解决方案。

1. 缠绕设备和模具干涉

缠绕设备和模具的干涉后果十分严重,会导致设备和模具的损坏,影响生产进度。在 5.5.4 节中给出的包络面已经考虑到缠绕设备尺寸,理论上不会产生干涉,但是在实际生产中,依旧出现了干涉现象。

实际缠绕时,三通管的主管需要穿过一根芯轴,主轴的夹盘夹住芯轴带动三通管模具的旋转。正是芯轴的存在导致干涉的出现。当缠绕头运动到包络面主管的两个端面时,如果距离芯轴过近就会发生干涉,如图 5.49(a) 所示。

为了解决这类干涉情况,本节在端面上设置了一个最小圆 C,当出纱点的位置处于最小圆内部时,则将出纱点沿着半径方向平移到最小圆上。最小圆半径依赖于缠绕头和轴的尺寸,需要确保不发生干涉。如图 5.49(b) 所示,p_1 是发生干涉的出纱点,p_2 是平移后的出纱点。

除了上文提到的干涉情况,还有一类由插补运动导致的干涉。在完成了运动坐标的解算后,设计人员需要输出具有一定格式的运动程序供数控系统读取。通常,输出的程序格式都是使用 G01 直线插补的 G 代码。直线插补意味着缠绕头在数据点之间

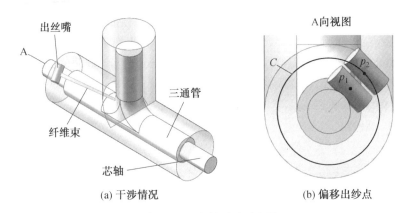

(a) 干涉情况 (b) 偏移出纱点

图 5.49 芯轴干涉示意图

的运动路径为直线。虽然求得的出纱点位于圆柱面上，但是出纱点之间的中间位置并不位于圆柱面上，这就可能造成缠绕设备和模具的干涉。如图 5.50(a) 所示，两个相邻的出纱点的位置分别为 p_1 和 p_2，然而由于 p_1 和 p_2 的距离过远，当缠绕头采用直线插补的方式运动到 p_1p_2 的中间时，缠绕头和支管的距离过近，造成了干涉，如图 5.50(b) 所示。

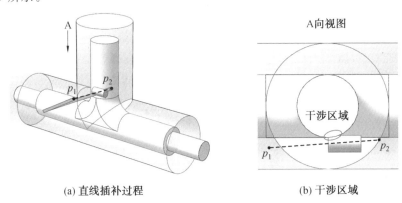

(a) 直线插补过程 (b) 干涉区域

图 5.50 直管干涉示意图

此类干涉形成的原因是两个出纱点的距离过远导致插补点偏离包络面过多。因此可以在后处理环节中通过插入包络面上的中间点，解决此类干涉。但是此方法的前提是落纱点的间距不能太大，否则新插入的点有可能造成纤维和模具的干涉。根据出纱点所处的位置不同，可以分为两种情况，分别是两个出纱点位于同一个圆柱面上和两个出纱点分别位于两个圆柱面上。其余情况在落纱点间距控制得合理的情况下不会出现。而第一种情况一般也不会出现，因为控制了落纱点的间距后，同一个圆柱面上的出纱点距离不会相差太大。这里单独提出是因为第二种情况可以转换成第一种情况进而解决，因此有必要对第一种情况进行阐述。

第一种情况,两个出纱点位于同一个圆柱面上。为了简单起见,令插入的过渡轨迹为两点间的最短螺旋线。如图 5.51 所示,主管和支管上出纱点间的连线都为两点间的最短螺旋线。

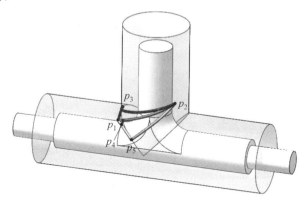

图 5.51　不同插入点对应的轨迹(彩图见附录)

第二种情况,两个出纱点位于不同的圆柱面上。由包络面的拓扑关系可知,两个出纱点在包络面上的连线肯定会经过四条相贯线中的一条。因此可以在相贯线上设置一个插入点,将问题转化为同一个圆柱面上两个出纱点的连接问题,即第一种情况。本书通过自动遍历相贯线上的点,寻找最合适的插入点。最合适的插入点相比于其他插入点,其和两个出纱点之间的距离最短。在图 5.51 中画出了三个插入点所对应的轨迹,p_3 插入点对应蓝色轨迹线,p_4 插入点对应红色轨迹线,p_5 插入点对应黄色轨迹线。其余相贯线上的插入点未在图中画出。图中的三条插入轨迹中红色轨迹长度最短,因此选用 p_4 作为新的插入点。再在 $p_1 p_4 p_2$ 轨迹段中每隔一定距离取出一系列轨迹点,在这些新轨迹点之间采用直线插补的插补方式则不会出现缠绕设备和三通管之间的干涉。

2. 纤维和模具干涉

在缠绕过程中,还可能出现纤维和模具的干涉,这种干涉会导致缠绕轨迹偏离设计轨迹,产生滑线、架空等现象,严重影响缠绕构件的质量,如图 5.52(a) 所示。从图中可以看出,这种干涉出现在由上往下缠绕支管时,落纱点发出的射线并不与包络面的支管相交,而是和包络面的主管和模具的主管相交。可以想象如果不进行专门的后处理,纤维将不会继续在模具的支管上缠绕而是首先经历一段严重的滑线后,滑到模具的主管上缠绕。

为了解决这种干涉问题,首先要识别出干涉所对应的出纱点。干涉时,悬纱不仅和模具相切,而且和模具的直管相交。在 5.5.2 节中阐述了求解空间直线和圆柱面交点的方法,以此方法为基础判断落纱点和出纱点的连线是否和模具的三个直管存在两个不同的交点。如果存在,则说明悬纱和直管干涉;如果不存在,则说明悬纱只和某个

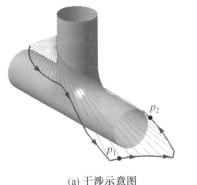

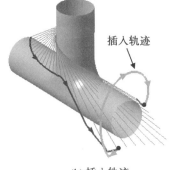

插入轨迹

(a) 干涉示意图　　　　　　　　　　(b) 插入轨迹

图 5.52　　纤维和模具干涉情况

直管相切,而不存在干涉。识别出连续的一段干涉出纱点后,记录下紧邻此段出纱点的两个非干涉出纱点。为这两个非干涉出纱点 p_1 和 p_2 插入合适的中间点,即可避免纤维和模具之间的干涉,如图 5.52(b) 所示。

在 5.5.5 节中,提出了使用最短螺旋线作为两个出纱点之间的插入轨迹,但是这种方法不适用于纤维和模具之间的干涉。在图 5.52(b) 中,如果使用最短螺旋线作为插入轨迹,即从主管下方经过的螺旋线,依旧会造成悬纱和主管的干涉。在这种情况下合理的方法应该是从主管上方绕过去,保证纤维依旧能够在支管上缠绕。通过上面的分析可知,对于纤维和模具之间的干涉,依旧可以采用螺旋线插入,但是必须要考虑到落纱点的位置,保证插入后的出纱点不能和直管干涉。实际上就是要求后处理方法在两个缠绕方向的螺旋线中选出不会引起干涉的螺旋线作为新插入的路径。

图 5.53(a) 是图 5.52(a) 中的右视图并做了简化处理。图 5.53(a) 中 q_1p_1、q_2p_2 的连线代表悬纱,p_1 和 p_2 为紧邻干涉出纱点的两个非干涉出纱点。图 5.53(b) 中分别将 p_1、p_2 和圆心连接并延长,得到的两条直线 p_1p_3、p_2p_4 将整个平面分成了四个区域 $EFGH$。根据落纱点的位置可以判断插入螺旋线的方向。为了避免缠绕设备与模具干涉,在求解落纱点时,落纱点的间距不宜过大,相邻落纱点间距离通常较小。本书只使用前一个落纱点进行判断,此图中对应的为 q_1。如果落纱点位于 E 区域,则使用劣弧 $\overset{\frown}{p_5p_2}$ 作为插入轨迹的投影;如果落纱点位于 FGH 区域,则使用优弧 $\overset{\frown}{p_5p_4p_3p_2}$ 作为插入轨迹的投影。

落纱点所处区域的判断可以通过 $\vec{oq_1}$ 向量在 e_1、e_2 所张成的坐标系的坐标符号判断,见式(5.53)。

$$\vec{oq_1} = x\boldsymbol{e}_1 + y\boldsymbol{e}_2 \qquad (5.53)$$

如果 $x > 0$ 且 $y > 0$,说明落纱点位于 E 区域,否则说明落纱点位于 FGH 区域。以 $\boldsymbol{e}_1$、$\boldsymbol{e}_2$ 为基矢量的坐标系并非直角坐标系,为了计算 $\vec{oq_1}$ 在此坐标系中的坐标,引入了对偶基矢量 $\boldsymbol{e}^1$、$\boldsymbol{e}^2$,如图 5.53(b) 所示。两类基矢量之间满足式(5.54)。

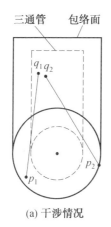

(a) 干涉情况

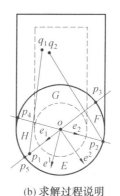

(b) 求解过程说明

图 5.53　插入轨迹求解示意图

$$\boldsymbol{e}_i \boldsymbol{e}^j = \begin{cases} 0, & i \neq j \\ 1, & i = j \end{cases} \tag{5.54}$$

根据式(5.54)求得 $\boldsymbol{e}^1$、$\boldsymbol{e}^2$,见式(5.55)。

$$\begin{cases} \boldsymbol{e}^1 = \dfrac{(\boldsymbol{e}_2 \times \boldsymbol{e}_1) \times \boldsymbol{e}_2}{|\boldsymbol{e}_1|^2 |\boldsymbol{e}_2|^2 - |\boldsymbol{e}_1 \boldsymbol{e}_2|^2} \\ \boldsymbol{e}^2 = \dfrac{(\boldsymbol{e}_1 \times \boldsymbol{e}_2) \times \boldsymbol{e}_1}{|\boldsymbol{e}_1|^2 |\boldsymbol{e}_2|^2 - |\boldsymbol{e}_1 \boldsymbol{e}_2|^2} \end{cases} \tag{5.55}$$

综合式(5.55)、式(5.53)得到 x、y 的值,见式(5.56)。

$$\begin{cases} x = \overrightarrow{oq_1} \cdot \boldsymbol{e}^1 = \dfrac{(\overrightarrow{oq_1} \cdot \boldsymbol{e}_1)|\boldsymbol{e}_2|^2 - (\overrightarrow{oq_1} \cdot \boldsymbol{e}_2)(\boldsymbol{e}_1 \boldsymbol{e}_2)}{|\boldsymbol{e}_1|^2 |\boldsymbol{e}_2|^2 - |\boldsymbol{e}_1 \boldsymbol{e}_2|^2} \\ y = \overrightarrow{oq_1} \cdot \boldsymbol{e}^2 = \dfrac{(\overrightarrow{oq_1} \cdot \boldsymbol{e}_2)|\boldsymbol{e}_1|^2 - (\overrightarrow{oq_1} \cdot \boldsymbol{e}_1)(\boldsymbol{e}_1 \boldsymbol{e}_2)}{|\boldsymbol{e}_1|^2 |\boldsymbol{e}_2|^2 - |\boldsymbol{e}_1 \boldsymbol{e}_2|^2} \end{cases} \tag{5.56}$$

通过判断 x、y 的正负即可获知插入轨迹所对应的投影究竟是优弧还是劣弧,进而确定插入轨迹的缠绕方向,并根据两端出纱点生成螺旋线。图 5.53(b)中 x、y 都为负,因此插入轨迹的投影为优弧,对应于图 5.52(b)中的插入轨迹。新插入的轨迹依旧围绕原本的支管缠绕,而不会发生滑线干涉的情况。

值得一提的是,本节所提出的干涉解决方法,都会修改出纱点轨迹,使得落纱点的缠绕轨迹偏离设计轨迹。在缠绕实验中发现,虽然修改的轨迹段会造成轨迹的偏离,但是缠绕过程中纤维会在模具表面先滑离缠绕位置,然后滑回设计轨迹。而且随着缠绕的进行,轨迹的偏移越来越小,纤维依旧能紧密地排列一起。因此,在实际工程应用中,由避障算法所带来的偏移量在工程实践中是可以接受的。

5.5.6　运动坐标解算

运动坐标解算需要为缠绕设备的每个运动轴计算坐标数据,坐标数据被数控系统用于控制各轴联动,实现复杂的缠绕运动。一般来说,缠绕运动按照坐标轴数可分为三坐标、四坐标、五坐标甚至更多的轴数缠绕。三坐标缠绕指缠绕头的横向、纵向运动和主轴的回转运动,适用于长管类构件的生产。四坐标缠绕相比于三坐标缠绕,增加了缠绕头的回转运动,能够改善在缠绕大曲率曲面时产生的松紧边现象。五坐标缠绕相比四坐标缠绕增加了偏摆运动,悬纱不发生扭转,更利于展纱,大大减少缠绕封头时纤维的堆积。本节将对三通管四坐标缠绕和五坐标缠绕进行解算。

1. 四坐标缠绕解算

在图 5.54 中,坐标系 O 为定坐标系,不随主轴转动而转动。在悬纱上建立一动坐标系 F,F 的原点和出纱点 C 重合,F 的 Y 轴和悬纱的长度方向平行,并且指向缠绕设备,F 的 Z 轴则平行于三通管在落纱点处的外法线,通过右手定则可以确定 F 的 X 轴。动坐标系 M 与缠绕设备固连,原点位于出纱点 C,M 的 X 轴平行于缠绕头直辊的轴线,M 的 Z 轴平行于进纱方向,M 的 Y 轴可以通过右手定则确定。图 5.54 中为了表述清晰,将坐标系 M 和 F 都从原位置 C 引出。

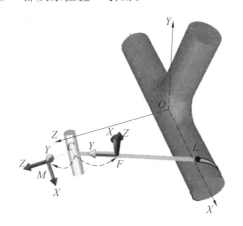

图 5.54　四坐标缠绕中的坐标系

工业上常用的缠绕设备都包含主轴和缠绕头,主轴回转带动模具转动即沿着图 5.54 中坐标系 O 的 X 轴转动,即 Ox 轴,下文依旧采用此记法。缠绕头牵引纤维按照一定路径在坐标系 O 的 XZ 平面内运动。四坐标缠绕中,出丝嘴同时垂直于进纱方向和出纱方向,即坐标系 M 的 X 轴垂直于坐标系 M 的 Z 轴和坐标系 F 的 Y 轴。

记 5.5.4 节中求得的出纱点 P 相对于定坐标系 O 的位置为 (x_0, y_0, z_0),主轴旋转 θ 角度后将 P 转到坐标系 O 的 XY 平面。可得主轴的回转坐标 θ,见式 (5.57)。

$$\theta = \arctan\left(\frac{y_0}{z_0}\right) \tag{5.57}$$

式中　θ——主轴回转坐标(rad)。

旋转后的出纱点为 C,其在定坐标系中的位置可通过旋转矩阵 $\boldsymbol{R}_x$ 和 P 的位置确定。

$$\boldsymbol{R}_x = \begin{bmatrix} 1 & 0 & 0 & 0 \\ 0 & \cos\theta & -\sin\theta & 0 \\ 0 & \sin\theta & \cos\theta & 0 \\ 0 & 0 & 0 & 1 \end{bmatrix} \qquad (5.58)$$

$$\boldsymbol{C} = \boldsymbol{R}_x \boldsymbol{P} = \begin{bmatrix} 1 & 0 & 0 & 0 \\ 0 & \cos\theta & -\sin\theta & 0 \\ 0 & \sin\theta & \cos\theta & 0 \\ 0 & 0 & 0 & 1 \end{bmatrix} \begin{bmatrix} x_0 \\ y_0 \\ z_0 \\ 1 \end{bmatrix} = \begin{bmatrix} x_0 \\ y_0\cos\theta - z_0\sin\theta \\ y_0\sin\theta + z_0\cos\theta \\ 1 \end{bmatrix} \qquad (5.59)$$

可得缠绕头的横向坐标 x 和纵向坐标 z 为

$$\begin{cases} x = x_0 \\ z = y_0\sin\theta + z_0\cos\theta = \sqrt{y_0^2 + z_0^2} \end{cases} \qquad (5.60)$$

四坐标缠绕的最后一个坐标为丝嘴回转坐标,用于驱动缠绕头沿坐标系 M 的 Z 轴转动使得 $\boldsymbol{Mx} \perp \boldsymbol{Fy}$。坐标系 F 和坐标系 M 相对于坐标系 O 的位姿矩阵分别见如下公式:

$$\boldsymbol{T}_O^F = \begin{bmatrix} e_{x0} & e_{y0} & e_{z0} & x_0 \\ e_{x1} & e_{y1} & e_{z1} & y_0\cos\theta - z_0\sin\theta \\ e_{x2} & e_{y2} & e_{z2} & y_0\sin\theta + z_0\cos\theta \\ 0 & 0 & 0 & 1 \end{bmatrix} \qquad (5.61)$$

$$\boldsymbol{T}_O^M = \begin{bmatrix} \cos\beta & -\sin\beta & 0 & x_0 \\ \sin\beta & \cos\beta & 0 & y_0\cos\theta - z_0\sin\theta \\ 0 & 0 & 1 & y_0\sin\theta + z_0\cos\theta \\ 0 & 0 & 0 & 1 \end{bmatrix} \qquad (5.62)$$

$\boldsymbol{Mx}$ 和 $\boldsymbol{Fy}$ 分别占据 $\boldsymbol{T}_O^M$ 和 $\boldsymbol{T}_O^F$ 的第一列和第二列,则据 $\boldsymbol{Mx} \perp \boldsymbol{Fy}$ 可得公式如下:

$$\boldsymbol{Mx} \cdot \boldsymbol{Fy} = \begin{bmatrix} \cos\beta \\ \sin\beta \\ 0 \end{bmatrix} \cdot \begin{bmatrix} e_{y0} \\ e_{y1} \\ e_{y2} \end{bmatrix} = 0 \qquad (5.63)$$

求得丝嘴回转坐标 β 见式(5.64)。

$$\beta = \arctan\left(-\frac{e_{y0}}{e_{y1}}\right) \qquad (5.64)$$

如此,求得四坐标缠绕的主轴回转坐标 θ、缠绕头的横向坐标 x、缠绕头的纵向坐标 z 和丝嘴回转坐标 β,见式(5.65)。

$$\begin{cases} \theta = \arctan\left(\dfrac{y_0}{z_0}\right) \\[2mm] x = x_0 \\[2mm] z = \sqrt{y_0^2 + z_0^2} \\[2mm] \beta = \arctan\left(-\dfrac{e_{y0}}{e_{y1}}\right) \end{cases} \tag{5.65}$$

式(5.65)所给出的公式未考虑到出丝嘴直径的影响,直接将出纱点的位置等同于出丝嘴的中心位置。在所缠模具较大,以及丝嘴距离模具较远时,这种设定所引起的误差可以忽略不计。但是当模具尺寸和丝嘴尺寸接近时,可能引起图5.55所示的干涉。图5.55中A辊的中心由式(5.65)给出,和出纱点重合。如果不对丝嘴的位置进行修正,则C带为A辊的悬纱,实际缠绕时C带会和支管干涉。C′带由出纱点和落纱点的连线生成,其和A′辊相切。为了避免干涉必须在后处理中将出纱辊的位姿从A辊修正到A′辊。

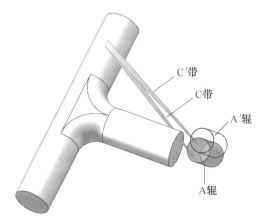

图 5.55　不同出丝嘴位置对应的悬纱

图5.56为图5.54中 $\boldsymbol{Mx}$ 轴和 $\boldsymbol{Fy}$ 轴所在平面的平面图。d 为 O_A 到 O_B 的偏移向量,长度为辊子的半径 r。

$$\boldsymbol{d} = \text{normalize}\left(\boldsymbol{Mx} - \frac{\boldsymbol{Mx} \cdot \boldsymbol{Fy}}{|\boldsymbol{Fy}|^2}\boldsymbol{Fy}\right) \cdot r \tag{5.66}$$

式中　normalize( )——向量单位化函数。

综合式(5.65)、式(5.66),可得修正后的主轴回转坐标的公式:

$$\theta = \theta_0 + \Delta\theta = \arctan\left(\frac{y_0}{z_0}\right) + \arctan\left(\frac{\boldsymbol{d}.y}{\boldsymbol{d}.z}\right) \tag{5.67}$$

式中　$\boldsymbol{d}.y$、$\boldsymbol{d}.z$——偏移向量的 y 分量(mm)和 z 分量(mm);

　　　$\Delta\theta$——回转坐标的修正量(rad)。

缠绕头的横向坐标和纵向坐标可以根据图5.56中的 O_B 位置计算。丝嘴回转坐

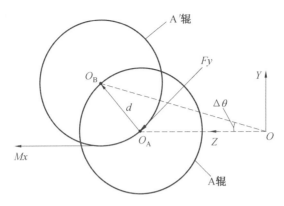

图 5.56　出纱辊位置修正

标需要考虑到回转坐标修正量的影响,其将坐标系 F 沿着 Ox 轴旋转了 $\Delta\theta$。综上所述,修正后的四坐标缠绕坐标如式(5.68)所示。

$$\begin{cases} \theta = \arctan\left(\dfrac{y_0}{z_0}\right) + \arctan\left(\dfrac{\boldsymbol{d}.y}{\boldsymbol{d}.z}\right) \\[2mm] x = x_0 + \boldsymbol{d}.x \\[2mm] z = \sqrt{(y_0 + \boldsymbol{d}.y)^2 + (z_0 + \boldsymbol{d}.z)^2} \\[2mm] \beta = \arctan\left(\dfrac{e_{y0}}{e_{y2}\sin\Delta\theta - e_{y1}\cos\Delta\theta}\right) \end{cases} \tag{5.68}$$

2. 五坐标缠绕解算

五坐标缠绕相比于四坐标缠绕多了缠绕头的偏摆坐标,展纱效果更好,尤其在缠绕三通管的支管时,如图 5.57(a)所示。但在从支管向 T 形结缠绕时,将会不可避免地发生干涉,如图 5.57(b)所示。干涉时,缠绕头的偏摆幅度过大,导致干涉的发生。因此可以通过限制偏摆坐标的范围防止干涉。本节将分别讨论无干涉情况下和干涉情况下的五坐标缠绕解算。通常的五轴缠绕装备中将丝嘴回转坐标附着于偏摆坐标上,本节也按照此配置计算。

(1) 无干涉情况解算。

图 5.58 所示为五坐标缠绕中各坐标系的关系,各符号意义和图 5.54 相同。

和四坐标缠绕解算一样,五坐标缠绕解算也考虑到辊子直径的影响。Fz 轴与出纱辊的表面相切,因此出纱辊的位置 C_{tee} 相对于三通管坐标系的位置见式(5.69)。主轴回转将出纱辊旋转到定坐标 O 的 XZ 平面内,可得五轴缠绕的主轴回转坐标、缠绕头的横向坐标和纵向坐标见式(5.70)。

$$C_{tee} : (x_0, y_0, z_0)^{\mathrm{T}} + r \cdot \boldsymbol{Fz} = (x_0 + re_{z0}, y_0 + re_{z1}, z_0 + re_{z2})^{\mathrm{T}} \tag{5.69}$$

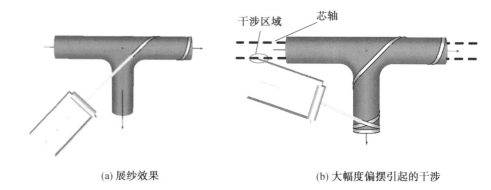

(a) 展纱效果　　　　　　　　　(b) 大幅度偏摆引起的干涉

图 5.57　五坐标缠绕

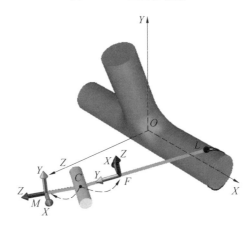

图 5.58　五坐标缠绕中的坐标系

$$
\begin{cases}
\theta = \arctan\left(\dfrac{y_0 + re_{z1}}{z_0 + re_{z2}}\right) \\
x = x_0 + re_{z0} \\
z = \sqrt{(y_0 + re_{z1})^2 + (z_0 + re_{z2})^2}
\end{cases}
\tag{5.70}
$$

在五轴缠绕的过程中,缠绕头的出纱辊始终平行于悬纱的表面,即 $Mx // Fx$,等价于式(5.71)。

$$
\begin{cases}
Mz \cdot Fx = 0 \\
My \cdot Fx = 0
\end{cases}
\tag{5.71}
$$

坐标系 M 的初始姿态和定坐标系 O 相同,之后依次绕着自身的 Y 轴偏摆角度 α,然后绕着自身的 Z 轴丝回转角度 β 才处于图 5.58 中所示的姿态。因此,坐标系 M 相对于坐标系 O 的位姿矩阵见式(5.72)。

$$\boldsymbol{T}_{\mathrm{O}}^{\mathrm{M}} = \begin{bmatrix} \cos\alpha\cos\beta & -\cos\alpha\sin\beta & \sin\alpha & x_0 \\ \sin\beta & \cos\beta & 0 & y_0\cos\theta - z_0\sin\theta \\ -\sin\alpha\cos\beta & \sin\alpha\sin\beta & \cos\alpha & y_0\sin\theta + z_0\cos\theta \\ 0 & 0 & 0 & 1 \end{bmatrix} \tag{5.72}$$

$\boldsymbol{Mz}$ 占据式(5.72)的第三列,$\boldsymbol{Fx}$ 占据式(5.61)的第一列,将其代入式(5.71)的第一个公式,得到偏摆坐标 α,见式(5.74)。

$$\boldsymbol{Mz} \cdot \boldsymbol{Fx} = \begin{bmatrix} \sin\alpha \\ 0 \\ \cos\alpha \end{bmatrix} \cdot \begin{bmatrix} e_{x0} \\ e_{x1} \\ e_{x2} \end{bmatrix} = 0 \tag{5.73}$$

$$\alpha = \arctan\left(-\frac{e_{x2}}{e_{x0}}\right) \tag{5.74}$$

$\boldsymbol{My}$ 占据式(5.72)的第二列,将其代入式(5.71)的第二个公式,得到式(5.76)。

$$\boldsymbol{My} \cdot \boldsymbol{Fx} = \begin{bmatrix} -\cos\alpha\sin\beta \\ \cos\beta \\ \sin\alpha\sin\beta \end{bmatrix} \cdot \begin{bmatrix} e_{x0} \\ e_{x1} \\ e_{x2} \end{bmatrix} = 0 \tag{5.75}$$

$$\beta = \arctan\left(\frac{e_{x1}}{e_{x0}\cos\alpha - e_{x2}\sin\alpha}\right) \tag{5.76}$$

如此,求得无干涉情况下的五坐标缠绕的主轴回转坐标 θ、缠绕头的横向坐标 x、缠绕头的纵向坐标 z、偏摆坐标 α 和丝嘴回转坐标 β,见式(5.77)。

$$\begin{cases} \theta = \arctan\left(\dfrac{y_0 + re_{z1}}{z_0 + re_{z2}}\right) \\ x = x_0 + re_{z0} \\ z = \sqrt{(y_0 + re_{z1})^2 + (z_0 + re_{z2})^2} \\ \alpha = \arctan\left(-\dfrac{e_{x2}}{e_{x0}}\right) \\ \beta = \arctan\left(\dfrac{e_{x1}}{e_{x0}\cos\alpha - e_{x2}\sin\alpha}\right) \end{cases} \tag{5.77}$$

(2) 干涉情况解算。

对于图 5.57(b)中的干涉情况,通过将约束偏摆坐标在 $[-\alpha_{\mathrm{abs}}, \alpha_{\mathrm{abs}}]$ 可防止干涉,如图 5.59 所示。具体求解时,先按照非干涉情况求解,检查偏摆坐标。如果超过约束范围,则舍弃先前结果,然后按照此节的方法计算。

有干涉的五坐标缠绕解算类似于四坐标缠绕解算,需要先按照出纱点和出纱辊中心重合计算得到回转、横向和纵向坐标,然后根据出纱辊直径对坐标修正。修正后的结果和式(5.68)的前三式相同。偏摆坐标从 $[-\alpha_{\mathrm{abs}}, \alpha_{\mathrm{abs}}]$ 中取距离式(5.77)中 α 最近的值,记为 α_{lim}。丝嘴回转坐标通过约束出纱辊垂直于悬纱计算,即 $\boldsymbol{Mx} \perp \boldsymbol{Fy}$,见式

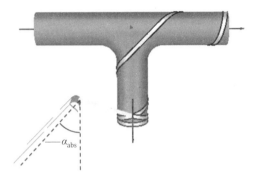

图 5.59　约束偏摆坐标示意图

(5.79)，其中 **Fy** 轴经过 $\Delta\theta$ 修正。

$$\mathbf{Mx \cdot Fy} = \begin{bmatrix} \cos\alpha\cos\beta \\ \sin\beta \\ -\sin\alpha\cos\beta \end{bmatrix} \cdot \begin{bmatrix} e_{y0} \\ e_{y1}\cos\Delta\theta - e_{y2}\sin\Delta\theta \\ e_{y1}\sin\Delta\theta + e_{y2}\cos\Delta\theta \end{bmatrix} = 0 \qquad (5.78)$$

$$\beta = \arctan\left[\frac{(e_{y1}\sin\Delta\theta + e_{y2}\cos\Delta\theta)\sin\alpha - e_{y0}\cos\alpha}{e_{y1}\cos\Delta\theta - e_{y2}\sin\Delta\theta}\right] \qquad (5.79)$$

如此，求得有干涉情况下五坐标缠绕的主轴回转坐标 θ、缠绕头的横向坐标 x、缠绕头的纵向坐标 z、偏摆坐标 α 和丝嘴回转坐标 β，见式(5.80)。

$$\begin{cases} \theta = \arctan\left(\dfrac{y_0}{z_0}\right) + \arctan(\dfrac{\boldsymbol{d.y}}{\boldsymbol{d.z}}) \\ x = x_0 + \boldsymbol{d.x} \\ z = \sqrt{(y_0 + \boldsymbol{d.y})^2 + (z_0 + \boldsymbol{d.z})^2} \\ \alpha = \alpha_{\lim} \\ \beta = \arctan\left(\dfrac{(e_{y1}\sin\Delta\theta + e_{y2}\cos\Delta\theta)\sin\alpha - e_{y0}\cos\alpha}{e_{y1}\cos\Delta\theta - e_{y2}\sin\Delta\theta}\right) \end{cases} \qquad (5.80)$$

5.5.7　软件架构及界面

哈尔滨工业大学用 C++ 语言开发了基于 Qt 框架的三通管专用 CAD/CAM 软件 "FiberStudio"。软件整体架构上借鉴了 MVC 模式，将界面、数据和业务逻辑分离，具体构成如图 5.60 所示。软件源码包含了用户界面、控制器和数据三大组件。其中用户界面中包含了主窗口 MainWindow、模型定义对话框 TeeParaDialog、包络面定义对话框 EnvelopeIniDialog、OpenGL 组件 GLWidget、操作页 TabWidget 及各类输入输出控件等。用户界面内每一个对象都含有一份指向同一 Connector 对象的指针。通过 Connector 对象，可以获取用户界面内部中的任意对象。用户界面内部对象之间及用户界面同外部组件之间都通过 Connector 通信。控制器中主要是业务逻辑，包括处理鼠标输入的函数 processMove()、processRotation()、processScroll(),求解交点的 intersectionPoints(),求解微分方程的 rungeKutta() 等函数。数据组件中存储所有的信息,包括三通管的尺寸 TeePara、包络面的尺寸 EnvelopeData、三通管中各面片的拓扑关系 EdgeTopo、设计点的位置 Point、带宽 BandWidth、轨迹点的位置、切向和法向等。

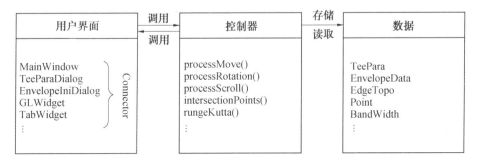

图 5.60　CAD/CAM 软件架构

FiberStudio 的主用户界面如图 5.61 所示,主要包括设计工具 1～7、主显示窗口 8 和轨迹窗口 9。设计工具 1 实现了在 T 形结上规划轨迹的功能。设计工具 2 实现了在直管上规划轨迹并在 T 形结上生成相应轨迹的功能。设计工具 3、4、5 分别实现了

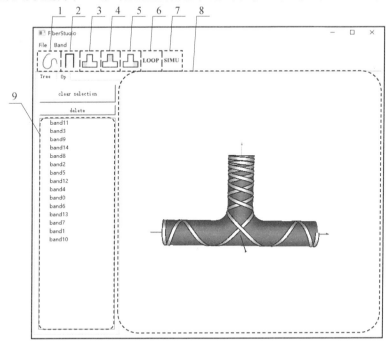

图 5.61　FiberStudio 的主用户界面

将 T 形结上的轨迹延伸到三通管的左直管、上直管和右直管的功能。设计工具 6 实现了连接直管转折点处轨迹的功能。设计工具 7 实现了缠绕轨迹后处理、运动仿真的功能,能够导入机床配置信息生成 G 代码,同时支持机器人运动代码生成,如图 5.62 所示。主显示窗口 8 中显示三通管和纤维模型,并支持鼠标的平移、旋转和缩放。轨迹窗口 9 中为三通管所有轨迹的列表,可以对其高亮、删除。

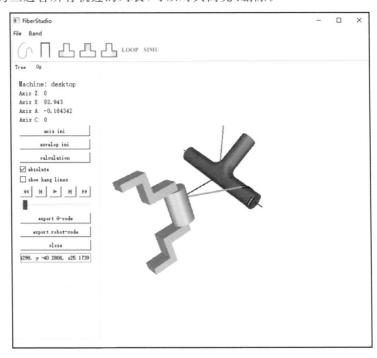

图 5.62　仿真界面

5.5.8　缠绕实验

为了避免缠绕三通管的支管时纤维的加捻现象,哈尔滨工业大学设计了机器人三通管缠绕专用的缠绕头,如图 5.63 所示。缠绕头上附有一个回转电机。回转电机的转动经过齿轮、轴和同步带的传递,带动纱卷和出丝嘴同步转动,避免了只有出丝嘴转动导致的纤维加捻问题。图 5.64 展示了机器人三通管缠绕系统,机器人型号为柯玛 NJ220－2.7(科玛机器人可以连接西门子 840D sl 数控系统,由西门子数控系统编程来控制机器人的运动)。缠绕头安装于机器人末端,三通管模具装夹于主轴上。整个系统由西门子 840D sl 数控系统控制,实现八轴联动。用于控制缠绕运动的 G 代码格式示例为:G1 X＝－149.362 Y＝－209 Z＝0 A＝0 B＝0 C＝0 MA1＝－180 MB1＝164.993。其中 X、Y、Z、A、B、C 表示机器人末端的笛卡儿坐标,MA1 和 MB1 分别表示丝嘴回转坐标和主轴回转坐标。

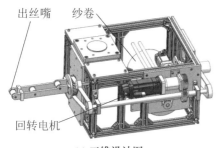

(a) 三维设计图

(b) 实物

图 5.63　机器人缠绕头

图 5.64　机器人三通管缠绕系统

在 FiberStudio 软件中为金属三通管规划的缠绕轨迹如图 5.65 所示。缠绕后得到的三通管如图 5.66 所示。从图中可以看出,三通管表面已被布满纤维,线型和规划的轨迹一致。除了直管的端部,其余部位厚度较为均匀。直管端部较厚的原因是大部分轨迹都在端部折返,缠绕方向垂直于轴线,纤维堆积相较于其他部位严重。

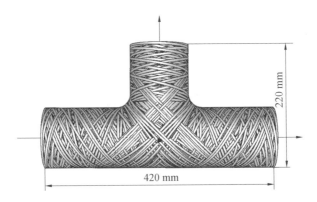

图 5.65   金属三通管的缠绕轨迹

图 5.66   机器人缠绕的三通管

第6章

热塑性复合材料的缠绕成型

6.1 引　言

随着国际航空航天领域的不断发展，其对材料的性能和功能提出了更高的要求，寻找轻质、高模量、高强度的材料成为目前的热门研究方向。与传统材料相比，纤维增强树脂基复合材料具有高比强度、比刚度、抗疲劳、耐腐蚀等特性。而纤维增强树脂基复合材料根据其树脂基体的不同又可分为纤维增强热固性树脂基复合材料和纤维增强热塑性树脂基复合材料。热塑性树脂基对比热固性树脂基可以实现材料的再熔融和再成型，因此纤维增强热塑性树脂基复合材料成为当下的研究热点。

热塑性复合材料除了绿色环保外，其线性的分子链结构使得材料本身具有良好的抗冲击性能及优异的抗蠕变性能和韧性；在耐高低温方面，热塑性复合材料构件在较大温差下尺寸稳定性好；另外通过对树脂基体分子的特殊设计也可实现一些特殊功能，如透波性与吸波性，因此其在航天领域发展前景广阔。

热塑性复合材料常用的树脂可以分为两大类。一类是高性能热塑性树脂，如聚醚醚酮（PEEK）、聚醚酰亚胺（PEI）、聚苯硫醚（PPS）和聚芳醚酮（PEKK）等。这些树脂具有优异的缺口冲击强度和损伤容限，尤其在航空航天领域应用广泛，例如 PEEK 在该领域应用最多。然而，这些高性能树脂的制造成本相对较高，限制了它们在更广泛领域的应用。另一类是其他常用的热塑性树脂，如聚酰胺（PA）、聚丙烯（PP）、聚乙烯（PE）、聚碳酸酯（PC）、聚对苯二甲酸乙二醇酯（PET）和热塑性聚氨酯弹性体（TPU）

等。这些树脂制造成本相对较低,能满足一般工业领域对热塑性复合材料的需求。其中,PP 和 PA 等树脂因相对成本低而在市场上更具优势。此外,根据热塑性复合材料的最终应用需求,还可以选择不同类型的纤维增强材料,如碳纤维、玻璃纤维、芳纶纤维等,与树脂进行复合,以进一步提升复合材料的机械性能和用户关注性能。

在航天方面,国外的大型固体火箭发动机壳体大都是采用先进的树脂基复合材料缠绕成型的,但是传统的热固性环氧基体复合材料在高速运动摩擦高温下,其力学性能会急剧下降。为此一般要在壳体表面加绝热层或绝热涂料,但是这又增加了壳体的整体质量。为解决这一问题,国外从 20 世纪 80 年代开始研究使用热塑性复合材料开发发动机壳体。美国的 ASPC 公司(Arya Sasol Polymer Company)和 Thiokol 公司(Thiokol Chemical Corporation)用缠绕法分别制造了 C/PPS 和 C/PEEK、C/PPS、C/PAI 压力容器,并进行了相关测试来研究热塑性复合材料火箭发动机壳体的可行性。欧洲以 Astrium Space Transportation(AST)公司为主导,从 2010 年开始热塑性复合材料激光原位成型项目的研究并计划应用于火箭发射器,根据发射器的不同部位,分别采用了纤维铺放和纤维缠绕技术。图 6.1 所示为欧洲实验室制造的发动机壳体。

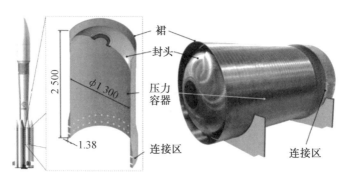

图 6.1　阿利安 6 固体火箭发动机壳体(单位:mm)

目前航天器主要制造模式是地面制造,之后再由航天器运输至空间轨道后展开、组装。运输航天器的运载能力和技术水平限制了空间设施的制造与实现,例如空间太阳能电池阵,大型天线与空间平台等大型设施。针对这一难题,在轨制造技术应运而生,以期待突破传统的地面制造模式。在美国国家航空航天局 NASA 的支持下,航天公司 Tethers Unlimited Inc(TUI)和商业人造卫星公司 Space Systems Loral(SSL)联合研发了名为 SpiderFab 的机器人。SpiderFab 以高性能的碳纤维增强聚醚醚酮复合材料(CF/PEEK)空间点阵结构为在轨制造的主要结构形式,以期实现大尺寸小质量的空间结构制造要求。图 6.2(a) 所示为 SpiderFab 制造用于支撑太阳能电池阵列的点阵结构预想,图 6.2(b) 所示为其缩比样品,该结构预计可使在轨制造大型太阳能电池阵列支撑结构的单位质量刚度提升一个数量级。

(a) 太阳能电池阵列支撑桁架结构

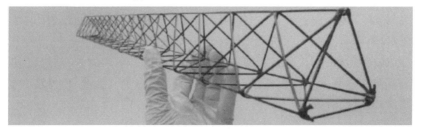

(b) 空间点阵结构

图 6.2　SpiderFab 制造点阵结构

　　美国佐治亚理工学院(Georgia Institute of Technology) 的复合材料工艺实验室应用热塑性复合材料设计了一种用于太空的光学仪器支架,其将热塑性树脂纤维与碳纤维混杂编制成套筒,套筒的内外两侧覆盖聚酰胺薄膜,收卷起来送入太空,在太空中使用液氮罐给套筒充气,之后利用太阳的热量使热塑性树脂熔融制成管材。该法简单适用,解决了管材的太空成型问题。

　　高性能复合材料一直是我国航天器的主承力结构部件和关键防热部件的首选材料。热塑性聚酰亚胺是目前树脂基复合材料中耐温性最高的材料之一,在具有突出的耐高温性能的同时还具备优异的机械性能。碳纤维增强热塑性聚酰亚胺复合材料已成功应用在了长征三号甲运载火箭的气动机叶片中,在低温、高速、干摩擦和高磨损等条件下表现出色。

　　随着通信遥感卫星的发展,对于遥感器的分辨率要求越来越高,而想要提高分辨率就需增大光学器件的口径,其中包括各种空间相机主光学系统的反射镜和光机扫描型空间遥感器扫描镜,使用热塑性复合材料可以有效解决金属反射镜质量过大等问题。李元珍等人采用 AS4c 单向织物/PEEK 预浸料压制反射镜基板,再复合 PEEK 树脂制得反射镜。经测试,反射镜在 $2.0 \sim 3.5~\mu m$ 红外光谱段可满足反射率要求,其在 $2.0~\mu m$ 与 $3.5~\mu m$ 下的反射率分别达到了 96% 与 96.89%。

6.2 热塑性复合材料成型工艺

6.2.1 模压成型

复合材料的模压成型一般是将热塑性复合材料在热压机上加热,使其升至成型温度,然后闭合模具加压保持,最后冷却脱模。其制品质量主要与加热温度、压力、时间等工艺参数相关。模压成型优点在于简单方便,传热效率高,工艺参数易于调控,多用于制作复合材料板材。图 6.3 所示为模压成型示意图。

还有一种模压成型方式是真空袋模压成型,将热塑性复合材料预浸料铺层放置在模具上后,利用真空袋和密封胶密封,之后进行加热以及抽真空处理,使得材料在大气压力成型,冷却后脱模获得制品。

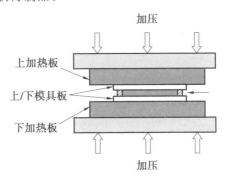

图 6.3　模压成型示意图

6.2.2 注塑成型

注塑成型是将热塑性复合材料加热熔融,并在一定压力下将熔融体注入金属模腔中,随后进行冷却固化,是一种生产短纤维增强热塑性复合材料的主要方式。它的优点是加工成本低,无须后续加工,是一种批量生产方法。

6.2.3 树脂注射成型

树脂注射成型,即"树脂传递模塑",在成型时首先将热塑性树脂粉末在容器内加热熔融,之后将树脂注射进已将纤维层状物或预成型物铺放好的模具的模腔中,待树脂充满模腔后,调节温度使得树脂与纤维进一步聚合,之后进行保压固化,冷却脱模获得制品。该工艺成本较高,工艺较烦琐,但适于制备形状较为复杂的结构件。图 6.4所示为树脂注射成型示意图。

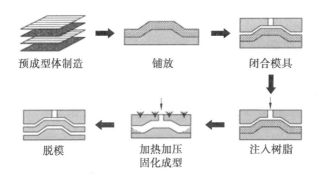

图 6.4　树脂注射成型示意图

6.2.4　拉挤成型

拉挤成型是一种生产碳纤维增强热塑性复合材料型材的方法,其首先对模具进行加热,将连续纤维增强热塑性材料预浸带导入模具进行熔化加压,完成对材料的二次浸渍,然后通过牵引设备使材料通过冷却模具,形成具有固定截面形状的复合材料制品,截面形状设计通过对冷却模具内通道形状设计实现。拉挤成型制得的纤维增强热塑性复合材料型材的轴向拉伸性能优异,抗腐蚀性和强度远优于传统钢材,在建筑、交通领域应用广泛。图 6.5 所示为拉挤成型示意图。

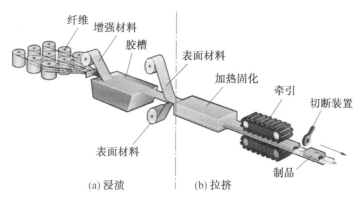

图 6.5　拉挤成型示意图

6.2.5　焊接成型

焊接成型是根据热塑性复合材料可以二次熔融的特点产生一种成型技术,其基本原理是将材料的连接界面加热熔融,使得树脂发生分子扩散连接,冷却固化得到完成品。目前主要的焊接方式有电阻焊、感应焊接、线性振动焊接、超声焊接、激光焊接等。对比机械铆接,焊接不会引入新材料,连接处的应力分布也更加均匀,并且焊接方式只对连接界面进行均匀加热而不加热基体,有效克服了纤维增强热塑性树脂基材料表面树脂黏度高、流动缓慢的问题。

6.2.6　缠绕成型

缠绕成型最早应用于热固性复合材料的成型,随着近些年热塑性复合材料研究的兴起,热塑性复合材料的缠绕成型工艺也在逐渐发展。缠绕成型是使用在线浸渍或者复合材料预浸带为原料,将其在张力的作用下缠绕在具有一定形状的模具上,之后固化脱模得到制件的技术。缠绕成型在生产各种回转体构件,例如管道、壳体、压力容器、飞机结构件等,具有成型快、效率高、易实现自动化等优势。此外,相比其他成型方式,缠绕制件的纤维排布精确、整齐,制品能够充分发挥其在纤维方向上的强度。图6.6所示为红外加热的热塑性复合材料缠绕设备原理示意图。

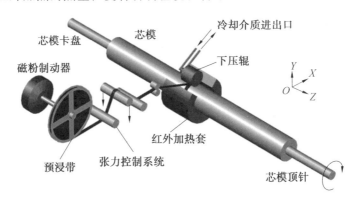

图 6.6　红外加热的热塑性复合材料缠绕设备原理示意图

6.2.7　铺放成型

铺放成型以一定宽度的预浸带为原料,根据宽度不同可分为自动铺丝和自动铺带两种。自动铺放设备将预浸带按照设定好的路径铺放到模具的表面,层层叠加。一般情况下,相对于热固性预浸料的铺放成型,热塑性铺放要求热源加热的温度更高。在铺放过程中,设备使用热源对预浸带加热,使其熔融,在压辊的作用下贴合于铺放的模具或复合材料基底,通过剪切装置实现非连续铺放。铺放成型精度高,自动化程度高,已广泛应用于各种航空构件的生产。图6.7所示为自动铺带和自动铺丝设备。

6.2.8　3D打印成型

连续纤维热塑性复合材料3D打印是通过在打印喷头处加热热塑性树脂材料,使其熔化后与纤维充分融合后,将混合好的材料逐层沉积在打印台表面的一种成型技术。其设备简单,成型较快,可实现复杂的三维造型,在打印点阵结构上表现突出;但打印工艺存在力学性能较低、材料成本高、打印速度慢等不足。

(a) 自动铺带

(b) 自动铺丝

图 6.7　热塑性材料的铺放成型

6.3　热塑性复合材料缠绕成型工艺

　　缠绕成型是制备高性能复合材料的一种重要成型技术,其最早在热固性复合材料成型中应用并日益完善。传统纤维缠绕工艺是纤维从纱团导出并施加一定张力,进入树脂胶槽进行充分浸润后(根据需要,可二次施加张力),从丝嘴导出,在丝嘴的移动和芯模回转的合成运动作用下将纤维按照设定的轨迹贴合在芯模上。缠绕获得的缠绕制品还需要放入固化炉中加热固化,固化后脱模即可得到最终制品。热塑性复合材料缠绕原理与传统缠绕原理类似,但是在使用材料、加热和固化方式等方面要求不同,其与热固性复合材料缠绕的最大区别在于热塑性缠绕可以完成材料的原位固化,也就是一次成型,无须放入固化炉加热固化,这从工艺流程上提高了缠绕的生产效率。图6.8所示为热塑性复合材料预浸带缠绕示意图,预浸带从纱架导出,通过张力控制器进入预热区域,完成预热后到达缠绕头加热区,在材料与芯模接触处(啮合点)进行加热,材料熔融并缠绕至芯模上。

　　在使用原材料方面,热塑性复合材料缠绕可以分为在线浸渍缠绕和预浸带缠绕。

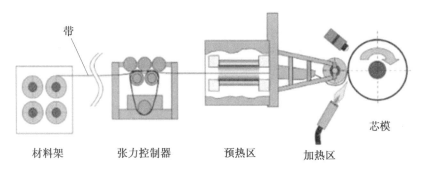

图 6.8　热塑性复合材料预浸带缠绕示意图

在线浸渍缠绕法一般使用溶液法,其最大困难在于含胶量和胶液均匀分布的精确控制上,缠绕过程存在胶液洒落的情况,目前一般多使用预浸带进行热塑性复合材料缠绕。热塑性复合材料预浸带孔隙率低、表面平整、尺寸可控、质量均匀、成型质量高,但是价格较高。预浸带的制备方法主要分为以下几种。

(1)溶液法:根据热塑性树脂材料选定合适的溶剂将其溶解,使纤维通过溶液进行浸渍,再对材料进行烘干得到预浸带。此法操作简单,但确定是浸渍过程中材料树脂含量难以控制,并且烘干过程中溶剂的残留会导致预浸带缺陷,性能变差。

(2)悬浮法:将树脂粉末分散在水中形成悬浮液,之后类似溶液法将纤维通过悬浮液制备预浸料,但悬浮液的不稳定性会导致材料分布不均。

(3)薄膜镶嵌法:将预先制备好的热塑性树脂薄膜与纤维在高温高压下结合在一起,在成型过程中完成纤维的浸渍得到预浸料,此法对成型的压力和温度要求较高。

(4)静电粉末法:将树脂粉末在流化室中变为流化状态,再将纤维通过流化室,在静电和沉积的作用下,使树脂和纤维结合,之后在熔融炉和压辊设备作用下完成浸渍。

(5)双纤维法:将纤维与树脂材料制成双纤维,在高温和压力作用下完成预浸带制作。

(6)熔融浸渍法:这是目前最普遍使用的工艺,纤维在导辊的作用下进入熔融的树脂中完成浸渍,之后再通过压辊等获得质量均匀的预浸带。

加热是热塑性复合材料缠绕的重点,关乎材料的结合固化过程。过低的温度或过短的加热时间会导致材料的结合不充分,同时过高的温度或过长的加热时间会导致材料的降解,而加热的温度和时间主要由热源的加热速率和加热区域决定,这又与缠绕的效率息息相关。目前常用的热塑性缠绕加热源有热风加热、红外加热、激光加热等。

(1)热风加热由于其成本低、布置简单方便而被广泛应用在热塑性复合材料铺放和缠绕工艺中。加热的温度由热风温度、热流密度及与加热点距离决定。对于需要较高温度的热塑性材料,常使用惰性气体加热,例如氮气,以防止材料高温氧化,但会提高制造成本。热风加热的主要缺点是其热效率低,为弥补这一缺点,热风加热常与材料预热和芯模加热等手段结合使用,此外热风的局部气流还会对预浸带造成损伤。

（2）红外加热是另一种常见的成本较低的方法,常用于材料的预热及主加热部分。相比热风加热,红外加热能够输出更集中的热量,获得更好的工艺条件。红外加热的主要形式是热辐射,属于非接触加热,不会损伤材料,但是热传导延迟、效率不高。

（3）激光加热由于其加热密度高、效率高、能量集中等优点,在近几年来愈发受到人们的青睐。在早些的热塑性材料缠绕研究中,二氧化碳激光便应用于碳纤维增强 PEEK 和玻纤增强 PPS 的原位固化工艺。然而,二氧化碳激光加热热塑性预浸料容易导致预浸带表面烧伤和氧化。近年来,二极管激光器被投入应用,二极管激光辐射主要由纤维增强相吸收,因此不会导致预浸带表面氧化。现代高功率激光器也使得热塑性缠绕工艺中的加工线速度得到了极大的提高。但激光加热的成本高于热风加热和红外加热,常用于对加热温度要求较高的场合,同时高功率的激光也对加工车间的安全设施提出了更高的要求。

在缠绕的过程中,张力的施加是必不可少的,缠绕制件的线性排列方式和性能都会受到张力的影响,只有张力稳定才能生产出具有高强度、优秀疲劳强度的产品。张力过小会导致结构松散,强度不够,抗疲劳性能也会下降;张力过大会增加材料的磨损,同样降低制品的强度。同时在缠绕的过程中,制品会出现一些微孔,如果能控制张力稳定,那么就能将微孔的数量限制在一个合理的范围。大量实践和研究显示,在缠绕过程中如果张力控制不当,最终制品的性能将损失 $20\% \sim 30\%$,所以控制缠绕的张力至关重要。

目前热塑性缠绕设备的张力控制系统多借鉴于热固性缠绕张力控制系统,常见的两种张力控制系统方案为摆杆式张力控制与差速式张力控制,如图 6.9 所示。摆杆式张力控制系统的稳定性较好,而差速式张力控制系统的快速性更好。

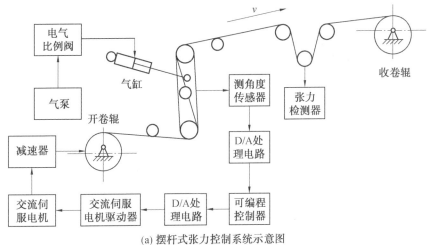

(a) 摆杆式张力控制系统示意图

图 6.9　热塑性缠绕常用张力控制系统示意图

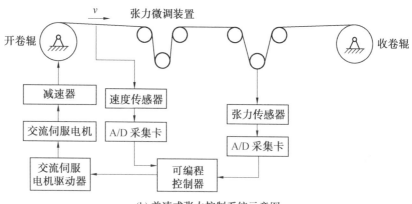

(b) 差速式张力控制系统示意图

续图 6.9

图 6.10 所示为哈尔滨工业大学设计的热塑性复合材料缠绕头模型及实际机械结构,预浸带由开卷辊放出,经导辊进入张力控制部分,再导入丝嘴,由热风加热管加热后缠绕在模具上。张力控制选用差速式张力控制系统,其系统模块构成如图 6.11 所示。系统利用芯模旋转速度与开卷辊放料速度的差值来产生缠绕所需的张力,由张力传感器对张力进行实时测量,同时将反馈的信号传入 PLC 模块,PLC 模块通过判断张力测量值与设定目标值差值的大小来调整开卷辊伺服电机的转速,从而实现张力控制。加热热风管内部附有热电偶,将加热管与温度控制仪相连即可进行吹出热风的温度测量和控制。

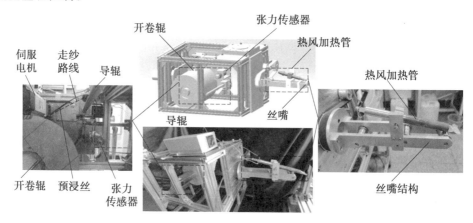

图 6.10　哈尔滨工业大学设计的热塑性复合材料缠绕头模型及实际机械结构

高性能热塑性复合材料的研制和应用水平已成为反映一个国家航天发展水平的重要指标,其用量呈逐年增加的趋势。国外热塑性复合材料的研究起步较早,发展速度快,尤其在航天高端领域已得到了广泛应用。在热塑性复合材料成型工艺方面,国外已将多种成型工艺产业化,近年来国内对成型工艺的研究也有不小的进展。

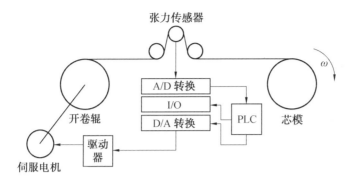

图 6.11　张力控制系统模块构成示意图

　　在热塑性复合材料的成型方式中,缠绕成型的生产效率最高,自动化程度高,但是目前研究基本是原理性设备,能够进行一些实验研究,还无法产业化。针对目前热塑性缠绕研究,应对缠绕过程中的热传导及材料的固化接触过程进行重点关注,这与制件的生产效率与质量息息相关,也为缠绕复杂形状结构件提供理论基础,对缠绕过程中材料的成型机理仍有待探索;在张力控制方面,应对不同的热塑性缠绕制件破坏失效形式进行研究,以对缠绕过程中的张力进行控制来提供不同的预应力来对抗制件的失效;近年来,由于"碳中和"等环保概念的提出,植物纤维增强热塑性复合材料也不断兴起,将其应用于缠绕成型也成为一个研究方向。

第 7 章

纤维缠绕数字孪生系统

7.1 引 言

数字孪生(digital twin)概念最早由美国密歇根大学的 Michael Grieves 教授在 2003 年提出,其最初被定义为由三个主要元素组成:① 包含物理对象的真实空间;② 包含虚拟对象的虚拟空间;③ 真实空间与虚拟空间的数据流连接。在传统三维模型基础上,北京航空航天大学陶飞教授团队进行了扩展,增加了孪生数据和服务维度,提出了数字孪生五维模型。数字孪生五维模型整体由物理实体、虚拟实体、服务、孪生数据和连接组成,为数字孪生在复杂机电设备、制造车间等多个领域应用提供了一个通用的参考架构,并以智能制造为发展目标提出了数字孪生发展应用的新趋势及新需求,如与 NewIT 技术深度融合需求、信息物理融合数据需求、智能服务需求和普适工业互联需求等。此外,作为五维模型的应用部分之一,数字孪生驱动服务的含义被给出,即数字孪生在多维模型和融合数据驱动下,通过实时连接、映射、分析、交互,对物理世界进行监测、评估、模拟、预测、优化和控制,实现物理系统全要素、全流程、全业务、全价值链的效率最大化。在数控机床领域,西门子结合数字孪生概念,提出了结合机床数字孪生模型设计思路:机床的数字孪生模型须贯穿产品的整个制造流程,包括产品的设计、生产调试及未来服务等所有过程。建立机床数字孪生体,完成虚拟与现实的相互映射,虚拟机床能够完成对现实的反馈及对产品的持续改进,整体流程如图 7.1 所示。这个流程对于连续纤维增强复合材料的自动化成型工艺也有一定的借鉴意义。

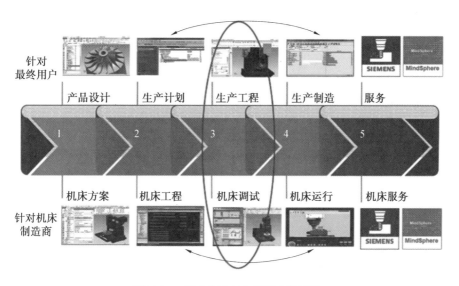

图 7.1　机床数字孪生模型设计思路

美国国家航空航天局（NASA）在 2010 年发布的"建模、仿真、信息技术和过程"路线图中明确了数字孪生的发展愿景，认为数字孪生是："一个集成多物理场、多尺度的非确定性分析框架，能够联合高精度物理模型、传感器测量数据、飞行历史数据等，镜像相应孪生飞行器的生命历程"。这一愿景对 NASA 和美国空军具有重要意义，两者拥有大量的机队需要周期性检测和维护，不仅耗费巨大成本，而且面临针对性不强、响应速度慢的问题。数字孪生利用模型指导决策的思想正好能够弥补这一能力短缺。通过真实数据驱动数字孪生体更新，响应实际飞行器结构变化，并对实际飞行器的操作、运维进行优化，从而降低维护成本、延长使用寿命。

在航空航天领域，数字孪生可用于：① 飞行器的设计研发，通过建立飞行器的数字孪生体，可以在各零部件被实际加工出来之前，对其进行虚拟数字测试与验证，及时发现设计缺陷并加以修改，避免反复迭代设计所带来的高昂成本和漫长周期。达索航空公司将 3DExperience 平台（基于数字孪生理念建立的虚拟开发与仿真平台）用于"阵风"系列战斗机和"隼"系列公务机的设计过程改进，降低浪费 25%，首次质量改进提升 15% 以上。② 飞行器的制造装配，在进行飞行器各零部件的实际生产制造时，建立飞行器及其相应生产线的数字孪生体，可以跟踪其加工状态，并通过合理配置资源减少停机时间，从而提高生产效率，降低生产成本。洛克希德·马丁公司将数字孪生应用于 F－35 战斗机的制造过程中，期望通过生产制造数据的实时反馈，进一步提升 F－35 的生产速度，可将目前每架 22 个月的生产周期缩短至 17 个月，同时，在 2020 年前，将每架 9 460 万美元的生产成本降低至 8 500 万美元。此外，诺斯罗普·格鲁曼公司利用数字孪生改进了 F－35 机身生产中的劣品处理流程，将处理 F－35 进气道加工缺陷的决策时间缩短了 33%。③ 飞行器的运行维护，利用飞行器的数字孪生体，可以实时监测结构的损伤状态,并结合智能算法实现模型的动态更新,提高剩余寿命的预测能力,进而指导更改任务计划、优化维护调度、提高管理效能。

分析数字孪生的内涵可以看出,数字孪生体具有如下突出特点:

(1)集中性。物理系统生命周期内的所有数据都存储在数字主线中,进行集中统一管理,使数据的双向传输更高效。

(2)动态性。描述物理系统环境或状态的传感数据可用于模型的动态更新,更新后的模型可以动态指导实际操作,物理系统和数字模型的实时交互使得模型能够在生命周期内不断成长与演化。

(3)完整性。对于复杂系统而言,其数字孪生体集成了所有子系统,这是高精度建模的基础;而实时监测的数据可进一步丰富、增强模型,使模型能够包含系统的所有知识。

借助于数字孪生,对于复杂系统的管理和运行,将能够实现:

(1)模拟系统运行状态。数字孪生体可以看作物理系统的模拟模型,能够在数字空间实时反映系统的行为、状态,并以可视化的方式呈现。

(2)监测并诊断系统健康状态。利用安装在系统结构表面或嵌入结构内部的分布式传感器网络,获取结构状态与载荷变化、服役环境等信息,结合数据预处理、信号特征分析、模式识别等技术,识别系统当前损伤状态。

(3)预测系统未来状态。通过数据链、数据接口等技术连接监测数据和数字模型,结合机器智能等方法驱动模型的动态更新,基于更新后的模型,对系统未来的状态进行预报。

(4)优化系统操作。根据预报结果,可以调整维护策略避免不必要的检测与更换,或更改任务计划避免结构进一步劣化等。

在复合材料制造领域,数字孪生技术也得到了一定的应用。热固性树脂基复合材料热压罐工艺过程机理机制的研究较为成熟,其中热压罐作为航空复合材料制件的主要生产设备,为先进复合材料固化提供高温高压环境。热压罐的稳定运行、精准控制对航空复合材料的生产至关重要。目前针对热压罐的运维大多采用的是定期检修、事后维修的方式,即便采用故障诊断与预测的方式,也常常因为缺乏有效历史故障数据,导致故障诊断与预测精度低的问题。针对该问题,陶飞教授团队研究建立了一套数字孪生热压罐健康管控系统(模型与数据融合驱动),分别从数字热压罐构建、孪生数据生成、孪生数据驱动的热压罐故障诊断与预测,以及复材加工车间数字孪生热压罐健康管控系统开发等方面进行了研究,如图 7.2、图 7.3 所示。对于工艺过程机理机制尚不成熟的复合材料成型工艺,其孪生系统开发还面临一些困难,但随着数字孪生、人工智能、大数据等技术的发展,孪生系统对物理系统的进步产生极大的促进作用。

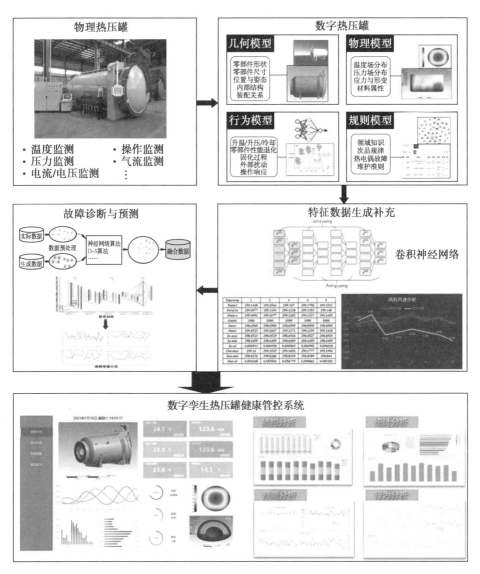

图 7.2   数字孪生热压罐健康管控系统

在纤维缠绕成型的数字孪生方面,国内鲜有研究,哈尔滨工业大学借鉴数控机床的数字孪生思想,围绕多轴专用纤维缠绕机开展了基于数字孪生的过程监控及运动可视仿真研究,并开发了虚拟仿真软件。对机器人缠绕及机床缠绕进行了三维运动仿真开发,通过仿真空间还原机床的真实状态,实现在线及离线仿真,完成对机床的远程操控。

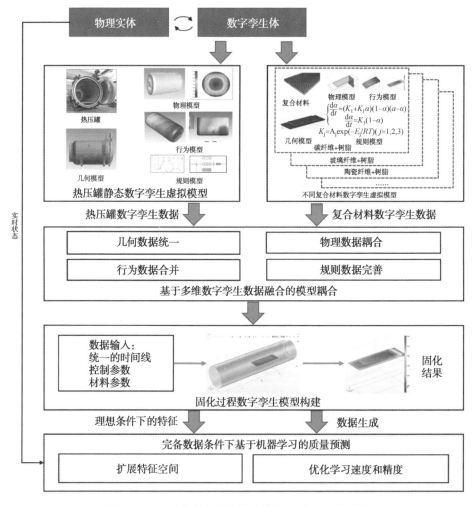

图 7.3　基于数字孪生的热压罐成型质量预测系统

7.2　缠绕虚拟仿真平台总体架构设计

7.2.1　虚拟仿真软件功能分析

本节以多轴专用纤维缠绕机为研究对象,将基于数字孪生理念设计一个纤维缠绕虚拟仿真软件,结合纤维缠绕工艺及过程可视化需求,确定了该软件需具备以下功能:

(1)虚拟仿真模型对纤维缠绕机的全面、真实还原:在所建立的缠绕模型应与真实机床的外形尺寸、外观等保持一致的前提下,要统一仿真模型与真实机床的运动链。

（2）对机床缠绕过程的运动还原、实时监控：对缠绕机的运动数据进行实时采集，并将数据反馈给机床的在虚拟模型相应部件，实现对缠绕机加工过程的可视化监控。

（3）对机床缠绕过程的关键参数进行可视化描述：将缠绕过程中的关键参数（张力、胶温及胶量等）进行可视化处理，实现对加工状态的把控。

（4）与真实机床之间的交互：模型与缠绕机之间可以互相发送控制指令，实现软件对硬件的控制。

（5）良好的可移植性：所生成的软件可以在不同的计算机进行安装和使用。

7.2.2　虚拟仿真软件框架搭建

该软件的总体框架分为三层，分别是软件底层、软件功能模块层和人机界面层，如图 7.4 所示。软件底层包含数字模型、运动解算、通信协议及二次开发 SDK 四个部分，主要为软件功能模块层提供底层服务。软件功能模块层包括虚拟仿真模块、过程监控模块和虚实交互模块，其中，虚拟仿真模块调用数字模型、运动解算及二次开发 SDK 三个部分，用深度还原缠绕机模型实现离线工艺仿真；过程监控模块调用数字模型、通信协议及二次开发 SDK 三个部分，对机床实时运动进行仿真，同时，对缠绕过程的关键数据进行可视化处理；虚实交互模块则主要调用通信协议及二次开发 SDK 部分，通过软件发送控制指令实现对机床的直接控制。人机界面层是软件与用户的交互窗口，用户通过人机界面可以对虚拟机床的运行过程以及关键数据进行观察，通过图形交互界面，可以从不同视角观测机床的运动状态，同时，可以输入控制指令实现对机床的直接控制。

7.2.3　开发工具选择及环境搭建

为了实现虚拟机床三维模型的显示，首先要对图形工具进行选择，目前在虚拟仿真领域应用较为广泛的软件 Unity3D 能支持大部分类型的三维模型文件导入与显示，具有不错的仿真演示效果，且作为较为成熟的软件，其操作相对简单。但是，该软件是为专业游戏开发的图形引擎，对电脑的硬件要求较高。DirectX 和 OpenGL 作为底层图形学工具在虚拟仿真领域也有着较为广泛的应用。DirectX 与 OpenGL 相比，虽然运行速度较快，但是其兼容性不好，不支持跨平台，而 OpenGL 有着大量跨语言、跨平台的应用程序接口，与 Visual C++ 紧密接口，能够对物理环境进行自定义，在进行三维模型的绘制时，能够极大程度地还原模型的真实状态，达到较为真实的显示效果。同时，OpenGL 作为一个软件接口，其与硬件的状态无关，具备着良好的可移植性，以其为基础所开发的应用程序能够在 Windows 与 Linux 平台之间便捷地安装使用。作为一个虚拟仿真软件，在完成其所需功能的基础上，还应当具备跨平台转移的功能，方便该软件在不同的计算机上进行安装与运行，因此本节选用 OpenGL 作为虚

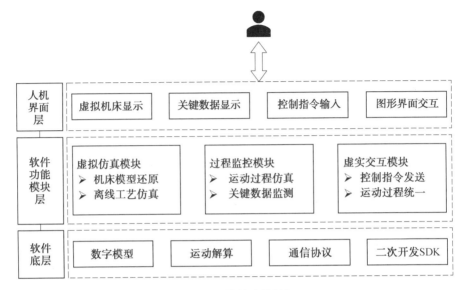

图 7.4　软件总体框架

拟仿真平台的开发工具。

　　OpenGL 能实现二维、三维图形绘制及显示,其绘制原理较为简单,通过输入顶点数据来构造三角面片,即可完成图形或三维模型的绘制。在三维模型显示方面,一个简单的立方体由八个顶点组成,依据三角面片的方式进行绘制。就纤维缠绕机而言,其机床模型由大量的零部件组成,每个零部件又包含大量的顶点,若以 OpenGL 进行模型的绘制,则需要对模型进行细致的划分,再进行大量的数据点写入、绘制,过程较为复杂,可以通过采用外部库将三维模型进行导入。为了实现该软件的界面制作,采用对 OpenGL 继承较好的 Qt 作为开发工具,以 C++ 作为编程语言,同时,为了实现机床的运动过程仿真及参数可视化工作,加快软件的开发进程,采用部分外部开源库来加快开发流程,所引用的外部库及其信息如表 7.1 所示。

表 7.1　软件开发所引用外部库汇总

外部库名称	支持的开发平台	外部库功能
Assimp	Windows、Linux 等	多种格式三维模型导入
Eigen	Windows、Linux 等	矩阵运算
Qcharts	Windows、Linux 等	实时表格绘制
HncNet	Windows、Linux 等	数控系统的二次开发

7.3　缠绕机虚拟空间建立

7.3.1　纤维缠绕机建模

纤维缠绕机虚拟仿真模块的主体在于虚拟模型的搭建以及运动学关系链关联。首先是机床的虚拟模型搭建,为了保证数控机床在实现三维可视化监控及仿真的真实性,在建立该数控纤维缠绕机的模型时,应当做到外形逼真、尺寸精确。由于在 OpenGL 中直接绘制机床三维模型过于烦琐,因此选用较为专业的 3D 建模软件完成机床的模型绘制。目前,在工业上常用的三维建模软件有 Pro/E、UG、SolidWorks 等,它们都有基础的建模功能,区别在于不同的附加功能,由于本节仅用软件进行三维模型的绘制,且 SolidWorks 具有强大的基于特征实体建模功能,同时可以通过实体装配清楚地展示各个零部件之间的关系,能够很好地保证机床模型的尺寸精确性,提高机床建模效率,因此选用 SolidWorks 进行机床的初步建模。

在完成初步建模后,需要对模型的外观进行处理,添加材质、纹理信息,还原机床的真实外观,最后,将模型文件转化为需求格式导出。3ds Max 作为一款专业的渲染软件可以对模型进行多种材质添加或者贴图处理,同时,支持导出多种三维模型标准格式文件,如 FBX、OBJ 格式等,其中 OBJ 文件包含三维模型中的材质、顶点、法线、纹理等信息,能够满足 OpenGL 的绘制三维模型的需求,因此,选用 SolidWorks 与 3ds Max 两款软件共同搭建纤维缠绕机的模型。

缠绕机床的模型建立流程如图 7.5 所示,可以分为两个部分:① 模型绘制:根据纤维缠绕机的二维 CAD 图纸获取各个零件的尺寸信息,部件之间的配合关系,利用 SolidWorks 进行三维模型的绘制,在建模过程中,在保证尺寸精度的前提下,将机床的零部件进行简化,减少零件数量,简化部件特征,防止因零部件特征过多导致程序运行不流畅或装配步骤过于烦琐;② 材质添加:利用 SolidWorks 对机床模型的外观添加相同颜色,利用 3ds Max 完成机床模型的部分复杂材质添加。

7.3.2　模型加载

在建立机床的模型后,需将其在 OpenGL 空间进行显示,在 OpenGL 中通过将三维模型的顶点连接为面片绘制实现模型显示,而 OBJ 格式的文件储存着三维模型文件的顶点、法线等信息。因此,首先将机床三维模型通过 3ds Max 转化成 OBJ 文件及其同名的 mtl 文件,其中 mtl 文件用于存储模型各部分的材质信息。然后,引入外部库 Assimp,该库可以用来对模型文件的顶点、材质信息进行读取,通过自定义顶点处理策略,可以实现模型在 OpenGL 中的绘制,通过自定义片段着色器用来创建对模型

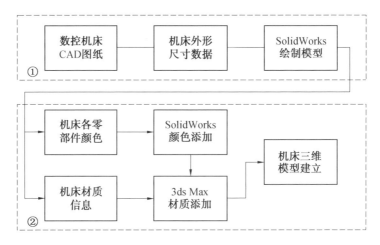

图 7.5　缠绕机床模型建立流程图

材质的处理策略,包括模型贴图、颜色处理等,同时,可对 OpenGL 空间进行光照设置,用以实现不同的显示效果。该软件采用 Qt 平台进行开发,QOpenGLWidget 窗口是 Qt 对 OpenGL 高度集成的控件,通过继承 QOpenGLWidget 类,可以直接调用 OpenGL 渲染命令,不用再额外添加诸如 GLFW、GLAD 等外部库,使用起来更加方便,因此,在 Qt 下新建项目,配置窗口后,将 Assimp 库添加到项目中,对转化后的 OBJ 模型进行读取,即可实现模型的导入,实现模型的三维显示。为了体现各个部件之间的运动关系,需要在 OpenGL 空间对虚拟模型进行装配,同时,为了让机床的显示效果较为贴近现实,需对空间光源进行调整,这里对 OpenGL 的坐标空间及光照空间进行简单解释,以实现模型的准确、逼真显示。

　　如图 7.6 所示,局部坐标系是指机床模型的自身坐标,从局部坐标系转化到观察者可视的屏幕坐标系,需在 OpenGL 空间中进行以下几个阶段的坐标转化:首先,机床模型所在的局部空间通过 MODEL(模型)矩阵到 OpenGL 空间世界坐标系的转化,在 OpenGL 中导入的各个模型都有自身的 MODEL 矩阵,可以通过平移与旋转函数直接对 MODEL 矩阵进行更改,以达到零部件装配的目的;其次,世界空间通过 VIEW(观察)矩阵到相机空间的转化,在 OpenGL 中,VIEW 矩阵用于完成场景的移动及视角的调整,可以通过设置相机的位置来观察模型的不同视角,通过设置相机的距离,可以实现所观察物体的大小变化;最后,相机空间通过 PROJECTION(投影)矩阵到裁剪空间的转化,机床模型在经过该变换之后,所有顶点坐标将落在所设置的远近平面范围内,在这个范围之外的顶点都会被裁剪掉,PROJECTION 矩阵分为正视投影与透视投影两种,选用透视投影可以使视角中的机床模型更加立体,展现更好的三维效果。

　　在机床模型导入 OpenGL 空间后,需要对其外观进行处理,使其更加接近真实机床。首先,物体所拥有的颜色是其所反射光的颜色,因此,需要设置 OpenGL 世界的光照才能体现模型的真实状态。在 OpenGL 中可以根据不同的应用场景使用不同的光照模型,本节使用冯氏光照模型,该模型包括环境(Ambient)、漫反射(Diffuse)和镜面(Specular)光照三部分,三者共同构成了一个完整的光照空间。若不进行光照的添加,则会导致整个模型显示为一片黑色,显示效果如图 7.7 (a) 所示,这里在 OpenGL 空间的世界坐标系周围添加三束平行光,其方向大致为图 7.7(b)中箭头所示,在 OpenGL 的空间内进行光源的添加后,可以得到与 SolidWorks 中颜色一致的效果,符合机床的实际外观,显示效果如图 7.7(b) 所示。

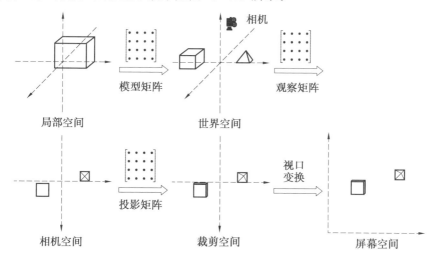

图 7.6　　OpenGL 空间坐标系统转化示意图

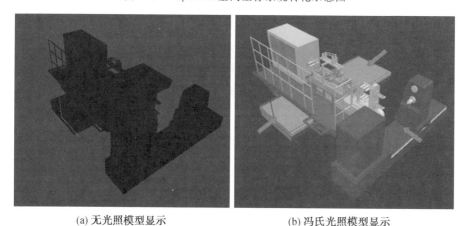

(a) 无光照模型显示　　　　　　　　　(b) 冯氏光照模型显示

图 7.7　　光照添加前后对比

将机床模型在 OpenGL 搭建完毕后,其视角是固定的,可以通过改变 VIEW 矩阵相关参数实现视角的变化,本节通过获取屏幕坐标点来实现对 VIEW 矩阵的实时更新,达到模型观察视角的变化效果。

7.4　软件功能模块开发与验证

7.4.1　虚拟仿真模块

虚拟仿真模块主要采用深度还原的缠绕机模型实现离线工艺仿真。依据 7.3.1 节中的流程完成纤维缠绕机虚拟模型的绘制,如图 7.8 所示,该纤维缠绕机为卧式双工位机床,包含五个主运动坐标和两个随动坐标,上工位芯模回转轴(C_1)、缠绕小车纵向移动轴(Z)、伸臂伸缩移动轴(X)、上工位丝嘴转动轴(A_1)、偏摆坐标轴(B)组成五个机床主运动坐标,下工位芯模回转轴(C_2)和下工位丝嘴回转轴(A_2)为两个随动坐标。其中 Z 轴、X 轴、A_1 轴、B 轴共同组成一条运动链,决定了纤维在缠绕丝嘴处的运动轨迹,随动轴 A_2、C_2 分别对应 A_1 轴、C_2 轴,其运动方式完全相同。

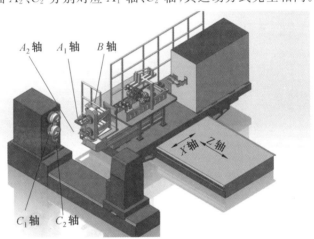

图 7.8　纤维缠绕机三维模型导入

该纤维缠绕机的 Z 轴、X 轴、A_1 轴、B_1 轴为串联连接,坐标系之间的变换矩阵如式 (7.1) 所示,表示坐标 i 在坐标 $i-1$ 中的姿态信息,其中 R 为坐标发生旋转时的三阶旋转变换矩阵,P 为坐标平移时的三维列向量,该纤维缠绕机的 Z 轴与 X 轴是平动轴,运动过程中只需改变矩阵中的 P 值,A_1 轴与 B 轴是回转轴,运动过程中只需改变矩阵中的 R 值。假设 A_1 轴与 B 轴的交点为 R,如图 5.17 所示,若经过 Z 轴与 X 轴是平动得到 R 点的平移变换矩阵 T,结合在 5.4 节中的式 (5.25) 与式 (5.17) 即可得到缠绕丝嘴的位姿描述。

$$_{i-1}\boldsymbol{A}^i = \begin{bmatrix} \boldsymbol{R} & \boldsymbol{P} \\ 0 & 1 \end{bmatrix} \tag{7.1}$$

为了实现纤维缠绕机的运动仿真与显示功能,采用 Qt 进行界面开发,如图 7.9 所示,该界面共有五个分区,分别是指令发送区、运动仿真区、运动控制区、程序导入区、功能切换区。虚拟仿真模块主要包含运动仿真区、运动控制区及程序导入区三个部分。将运动控制区与运动仿真区关联,可以实现机床模型的手动拖拽,通过程序导入,可以驱动机床的各轴进行缠绕运动,实现机床的离线虚拟仿真。

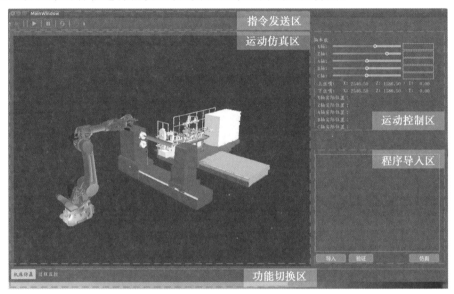

图 7.9   虚拟仿真模块界面

在实现机床的运动仿真后,为了更精确地表示缠绕过程,对机床运动过程中的纤维缠绕轨迹进行分析、绘制。在纤维缠绕的过程中,假设纤维束完全展开,则如图 7.10 所示,出纱点为 P,落纱点为 Q,则纤维在点 P 处与丝嘴相切,在点 Q 处与芯模相切,纤维缠绕机的程序生成即是根据芯模表面落纱点的位置对出纱点位置的求解,因此,可以通过以下两种方式对芯模表面的轨迹进行显示:① 通过程序反求理论落纱点对芯模表面的轨迹进行绘制,该方式能够准确绘制出纤维轨迹,但是以理论值推理论值是不符合实际生产过程的,不能够准确反映纤维缠绕的真实状态;② 考虑到纤维在点 P 处与丝嘴相切的情况,可以通过图 7.11 中的丝嘴半径 R、丝嘴下切点 W 及纤维对丝嘴的包角 α 对纤维束的状态进行反解,获取更为贴合现实情况的纤维缠绕轨迹。

假设在缠绕过程中,缠绕丝嘴的旋转角为 β,丝嘴的偏转角为 γ,W 点的位置可以通过缠绕程序直接求解,如图 7.12 所示。假设在程序起点坐标系中的表达式为 $W(W_x, W_y, W_z)$,由于 $\gamma \neq 0$ 时,W、C、P 点的位置同时受到两个旋转角的影响,难以直接计算。这里对 W 点的位置进行初步处理,假设缠绕时间为 t 时,机床的 X 轴和 Y

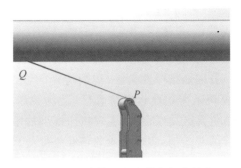

图 7.10　缠绕过程出纱点与落纱点

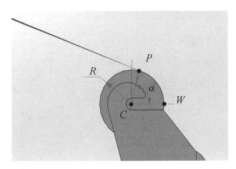

图 7.11　纤维出纱点

轴的位置为$(X_t, -Y_t)$，此时$\gamma \neq 0$，但在计算W点的位置时，先将γ值视作0，所得过渡点为$W_1(W_{1x}, W_{1y}, W_{1z})$，通过$W_1$点进行点$C$与点$P$的初步求解，再将所得的点围绕图7.12(b)中的偏航旋转点P_y旋转γ值，即可得到在t时刻时点W、点C、点P的表达式，分别为式(7.2)、式(7.3)、式(7.4)。

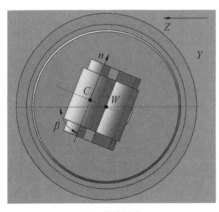

(a) 丝嘴旋转角

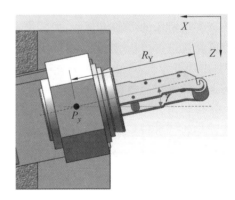

(b) 丝嘴偏摆角

图 7.12　缠绕丝嘴运动角

在得到点 W、点 C、点 P 的位置后,即可得到空间向量 $\overrightarrow{CW}$、$\overrightarrow{CP}$,计算出图 7.12(a) 中向量 $\boldsymbol{n}=\overrightarrow{CW}\times\overrightarrow{CP}$,过出纱点的切向量为 $\boldsymbol{P}_t=\boldsymbol{n}\times\overrightarrow{CP}$,结合 P 点坐标,可求得纤维出纱点的空间直线参数表达式(7.5)。

$$\begin{cases} W_x = W_{1x} + R_Y \times (1-\cos\gamma) \\ W_y = W_{1y} \\ W_z = W_{1z} - R_Y \times \sin\gamma \end{cases} \tag{7.2}$$

$$\begin{cases} C_x = W_{1x} + R_Y \times (1-\cos\gamma) \\ C_y = W_{1y} - R \times \cos\beta \\ C_z = W_{1z} - R \times \sin\beta - R_Y \times \sin\gamma \end{cases} \tag{7.3}$$

$$\begin{cases} P_x = W_{1x} - R \times \sin\alpha + R_Y \times (1-\cos\gamma) \\ P_y = W_{1y} - R \times (1-\cos\alpha) \times \cos\beta \\ P_z = W_{1z} + R \times (1-\cos\alpha) \times \sin\beta - R_Y \times \sin\gamma \end{cases} \tag{7.4}$$

$$\begin{cases} x = P_{tx} \times t + P_x \\ y = P_{ty} \times t + P_y \\ z = P_{tz} \times t + P_z \end{cases} \tag{7.5}$$

如图 7.13 所示,缠绕芯模由左椭球、圆柱、右椭球组成,结合图中参数,可得芯模表达式(7.6)。

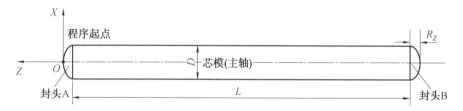

图 7.13　缠绕芯模参数

$$\begin{cases} \dfrac{x^2+y^2}{(D/2)^2} + \dfrac{(z+R_Z)^2}{R_Z^2} = 1 & \text{左椭球} \\ x^2 + y^2 = (D/2)^2 & \text{筒身} \\ \dfrac{x^2+y^2}{(D/2)^2} + \dfrac{(z+L+R_Z)^2}{R_Z^2} = 1 & \text{右椭球} \end{cases} \tag{7.6}$$

联立式(7.5)与式(7.6)即可求得纤维与芯模的交点进而获得交叉点位置坐标,将数据存储到全局数组,通过编写缠绕轨迹绘制函数实时更新位置数据来进行缠绕轨迹的绘制,其绘制效果如图 7.14 所示,可以看出,通过该方式能够还原纤维缠绕过程,在筒身段,丝嘴包角、旋转角及偏摆角固定,能够准确绘制缠绕轨迹。在封头处,丝嘴的旋转角发生大幅度变化,导致缠绕丝嘴的包角大小变化规律未知,同时由于纤维缠绕过程中在封头处并未完全展开,因此纤维束出现扭转,所求得的纤维束切线也会出现偏差。本节采用线性插补的方式在封头处进行轨迹绘制,从图 7.14 可以看出,纤维在进入及离开封头处的轨迹能够正确显示。

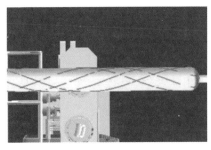
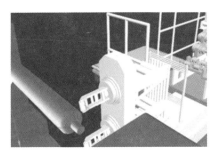

(a) 芯模筒身段缠绕轨迹   (b) 芯模封头缠绕轨迹

图 7.14   纤维缠绕轨迹显示

通过以上工作完成了虚拟仿真模块的功能开发,实现了虚拟纤维缠绕机床的运动显示及仿真。

7.5   过程监控模块

过程监控模块用于实现对缠绕过程中的关键参数采集,并对数据进行可视化处理。本节所针对的多轴专用纤维缠绕机使用汇川 AM402 系列 PLC 来实现缠绕过程中关键工艺参数的控制,其中张力、温度等实时采集数据存放在 PLC 的特定寄存器区域。从 PLC 的寄存器采集读取数据,需要选择合适的网络通信协议。

Modbus TCP 是一种基于以太网 TCP/IP 的工业通信网络标准。基于理论网络模型 OSI 发展的 TCP/IP 模型现已成为网络互联事实上的标准,传输的双方建立连接后,通过 TCP/IP 协议可建立稳定、可靠的数据流,实现不同网络之间的信息传输。在该协议的基础上,将数据以 Modbus 的帧格式进行传输可以使数据传输的过程更加稳定和准确。Modbus TCP 通信结构如图 7.15 所示,可以通过直连或者网关来实现服务器与客户端的连接。为完成缠绕过程关键数据的采集工作,在上位机中采用 C++ 进行应用功能(Modbus 类)的开发,通过该功能可以实现程序和 PLC 之间通过 Modbus TCP 协议进行通信,实现关键数据的接收工作,通过定义定时器进行数据的定时采集,进而完成数据的实时采集。

在完成数据采集后,需要搭建可视化窗口来实现缠绕过程参数的直观显示。由于在缠绕过程中,张力的变化幅度较为明显,为了实现张力在 Qt 中的动态实时曲线显示,本节选用 Qt 的内部封装模块 QChart 完成曲线的绘制。在完成模块安装及配置后,采用 QTimer 类进行时间的获取,并将时间值通过 QDateTimeAxis 类添加到图标

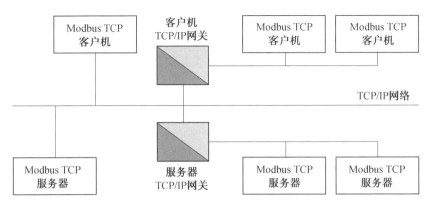

图 7.15　　Modbus TCP 通信结构

坐标轴,完成坐标轴随时间的变化,实现机床的张力实时监测。而胶温等变化幅度较小的工艺参数,进行二维图形的显示即可,最终完成的过程监控界面如图 7.16 所示,其中 ① 区为张力曲线的实时绘制区;② 区为当前张力值的处理区;③ 区用来显示当前机床的状态以及胶温类较为稳定的过程参数。

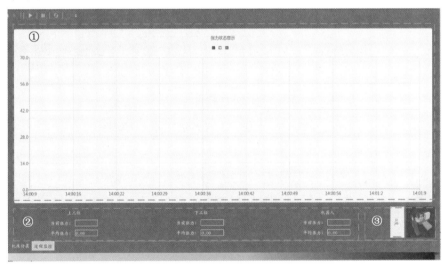

图 7.16　　过程监控界面

7.6　虚实交互模块

虚实交互模块用于实现纤维缠绕机的实时运动仿真以及软件层次上对机床控制指令的直接发送。本节所针对的多轴专用纤维缠绕机所使用的控制系统为华中 9 型数控系统,区别于传统的数控系统,华中 9 型提供一个开放的数控系统平台,可以由厂家或用户根据自身需求进行功能软件的开发。虚实交互模块即是通过对数控机床的运行数据、关键控制指令进行读取,达到虚实交互的目的。

对华中 9 型数控系统而言,位于上位机的软件通过 NC－LINK(数控装备互联互通协议)与下位机之间进行通信,通过 NC－API(数控系统跨平台用户应用层开发接口软件)接口可以实现对上位机的数据传输。华中 9 型的镜像结构示意图如图 7.17 所示,其中,NC－API 接口使用数据镜像方式实现对下位机数据的同步,同时,NC－API 提供与 HMI 的接口,与之进行数据交换。在软件开发过程中,通过对应的接口函数即可实现机床参数的读取以及对寄存器的参数进行设置,达到软件自主功能开发的目的。

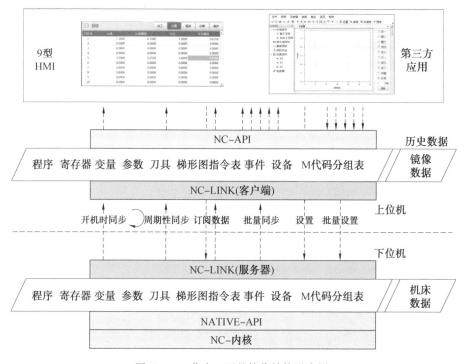

图 7.17　华中 9 型的镜像结构示意图

为了实现机床的指令控制与实时运动仿真功能相结合,结合上文所述的 NC－API 接口在 Qt 中进行相关程序的编写。对程序进行主要功能划分,可分为程序状态设定、获取程序状态及虚拟机床仿真三个部分,如图 7.18 所示,程序状态设定部分对应图 7.9 中的指令发送区,通过 HNC_ChannelSetValue() 函数设置当前通道的程序运行状态,通过 HNC_NLK_NvOnReset() 函数实现程序的复位,使机床退出当前运行程序;在获取程序状态部分,通过 ActiveChan() 函数获取当前的机床运行通道,并通过 HNC_ChannelGetValue() 函数获取当前的机床运行状态,并将此状态同步到软件界面,保持机床与虚拟模型的状态统一;在统一界面后,进行机床的虚拟仿真,该过程主要通过 HNC_AxisGetValue() 函数获取各机床运动轴对应寄存器的数据,将数据通过全局变量发送到 OpenGL 空间进行模型的更新,由于各轴的运动数据通过计时器实时更新,因此,机床模型也会随着机床的运动变化实时更新,实现了虚拟机床的实时运动仿真。

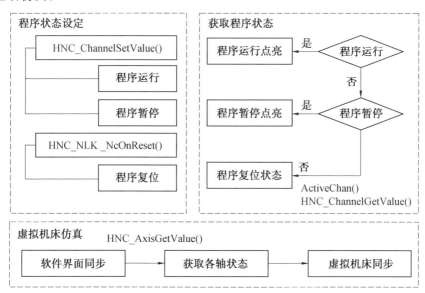

图 7.18　　虚实交互主要功能实现

7.7　实验验证

在完成了虚拟仿真模块、过程监控模块及虚实交互模块的功能开发后,将所编写的程序打包安装至数控面板,在数控面板启动该程序,进行纤维的实际缠绕,来验证虚拟机床程序的正确性。

如图 7.19 所示,左侧为数控面板,为了减小数控系统的负载,这里采用了简化版的虚拟机床模型,仅用来做实验验证;右侧为运动过程中的纤维缠绕机,在机床的运动过程中,虚拟机床始终跟随运动,验证了机床的实时运动仿真功能。

如图 7.20 所示,为机器人螺旋缠绕的实时张力监控,实现了张力曲线的实时绘制,进行了数据的均值化处理,可以根据需求对所得的张力数据进行其他方式处理,同时,胶温等参数在右下角进行显示,通过该过程验证了本章对数据可视化处理方法的正确性。

本节针对纤维缠绕机的指令控制进行了初级开发,如图 7.21 所示,为虚拟机中上

图 7.19　纤维缠绕过程仿真

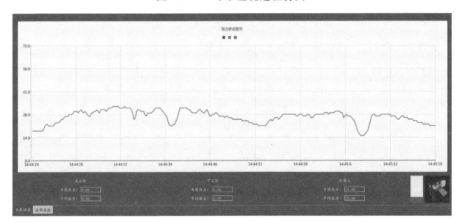

图 7.20　可视化软件界面

位机程序和下位机系统界面的对应,图中的程序启动、程序暂停及程序退出功能已实现同步,达到了上位机软件对机床的直接控制,完成了基础的虚实交互功能。

本章基于数字孪生技术对多轴专用纤维缠绕机进行了运动学模型开发,通过 Qt 搭配外部库实现了虚拟机床模型在 OpenGL 空间的准确显示。建立了虚拟模型的运动关系链,可以实现机床的虚拟运动仿真,采用 Modbus TCP 通信协议及 QChart 实现了机床缠绕过程数据的采集及可视化功能。通过华数 API 接口,对软件进行控制功能添加,实现了软件层次对机床的直接控制。最后,通过缠绕实验验证了机床的实时运动、关键数据可视化及虚实交互等功能。但该孪生系统,还只是数字孪生的初级阶段,属于对象的孪生,虚拟模型与实体模型的交互信息有限,远远达不到用实时监测的

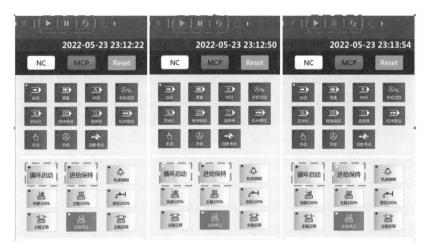

图 7.21　指令控制交互

数据消除模型的不确定性,用精确的模拟代替真实场景,进而优化实际缠绕系统的操作和运维。未来要实现纤维缠绕系统或工艺的深层次数字孪生,还需要解决以下关键技术:

(1)复杂系统建模技术。

纤维缠绕工艺建模面临着环境、载荷、材料性能等众多不确定因素,力、热、电等不同物理场之间的强耦合作用等,这些复杂性都将导致模型无法准确模拟系统的真实情况,需要借助于多物理场耦合建模、多尺度损伤分析方法、基于数据驱动的模型来提升模型精度。

(2)传感与监测技术。

借助传感与监测技术来实时感知纤维缠绕系统性能状态并收集系统周围的环境信息,通过部署分布式传感器网络实时监测纤维缠绕工艺的全流程,持续获取的传感数据不仅能够用于监测系统当前状态,还能借助大数据、动态数据驱动分析与决策等技术用于预测系统未来状态。

(3)大数据技术。

对于复合材料成型这样一个复杂工艺系统,在工艺流程囊括了海量的数据(如缠绕张力、胶液温度、固化曲线等),这就需要对所有数据进行统一管理,同时借助大数据分析技术进行数据清洗和挖掘,从这些规模巨大、种类繁多、生成迅速、不断变化的数据中发掘多源异构数据之间潜藏的相关关系,从而实现更好地诊断、预报并指导决策。

(4)动态数据驱动分析与决策技术。

实时交互性与动态演化性是数字孪生体的两个重要特性,而动态数据驱动应用系统能够将模型与物理系统有机地结合起来,在实际缠绕过程中,利用实时监测的数据动态更新模型（如固化模型），更新后的模型可以得到许多测量无法直接输出的数据，从而驱动更准确地分析与预测系统状态，以及更有效地指导决策者实施对系统的动态控制。

（5）数字孪生软件平台技术。

纤维缠绕等复合材料自动化成型工艺数字孪生的实现还需要完善的工具平台，该平台集成多物理场仿真、数据管理、大数据分析、动态数据驱动决策等多个功能模块，同时借助可视化技术，使工艺人员或开发人员能够快速准确地进行孪生系统的开发，实现效能更高的控制与优化。

参 考 文 献

[1] VASILIEV V V，BARYNIN V A，RAZIN A F. Anisogrid composite lattice structures-development and aerospace applications［J］. Composite Structures，2012，94(3)：1117-1127.

[2] HAN D，TSAI S W. Interlocked composite grids design and manufacturing[J]. Journal of Composite Materials，2003，37(4)：287-316.

[3] SHITANAKA A，AOKI T，YOKOZEKI T. Comparison of buckling loads of hyperboloidal and cylindrical lattice structures[J]. Composite Structures，2019，207：877-888.

[4] WEGNER P，HIGGINS J，VANWEST B. Application of advanced grid-stiffened structures technology to the minotaur payload fairing[C]. 43rd AIAA/ASME/ASCE/AHS/ASC Structures，Structural Dynamics，and Materials Conference. Denver，Colorado：American Institute of Aeronautics and Astronautics，2002：1336.

[5] 范东星. 网格式卫星承力筒纤维缠绕工艺与 CAM 软件研究[D]. 哈尔滨：哈尔滨工业大学，2020.

[6] 张鹏. 网格结构纤维缠绕和铺放成型工艺研究［D］. 哈尔滨：哈尔滨工业大学，2018.

[7] 韩振宇，张鹏，郑天宇，等. 纤维增强树脂复合材料网格结构成型工艺研究进展[J]. 复合材料学报，2020，37(4)：845-858.

[8] VASILIEV V V，BARYNIN V A，RAZIN A F. Anisogrid lattice structures-

survey of development and application[J]. Composite Structures，2001，54（2/3）：361-370.

［9］KIM T D. Fabrication and testing of composite isogrid stiffened cylinder[J]. Composite Structures，1999，45（1）：1-6.

［10］TOTARO G，NICOLA F D. Recent advance on design and manufacturing of composite anisogrid structures for space launchers［J］. Acta Astronautica，2012，81（2）：570-577.

［11］HUYBRECHTS S M，MEINK T E，WEGNER P M，et al. Manufacturing theory for advanced grid stiffened structures[J]. Composites Part A：Applied Science and Manufacturing，2002，33（2）：155-161.

［12］DUTTA P K，BAILEY D M，TSAI S W，et al. Composite grids for reinforcement of concrete structures[R]. Champaign：Construction engineering research lab（army），1998.

［13］TSAI S W，LIU K K. New processing of composite grids for aerospace applications［R］. Stanford：Department of Aeronautics and Astronautics，Stanford University，1999.

［14］魏海旭. 碳纤维/氰酸脂树脂复合材料缠绕工艺与性能研究[D]. 哈尔滨：哈尔滨工业大学,2015.

［15］SORRENTINO L，MARCHETTI M，BELLINI C，et al. Manufacture of high performance isogrid structure by robotic filament winding［J］. Composite Structures，2017，164：43-50.

［16］CERQUEIRA J，FARIA H，FUNCK R. Fabrication of composite cylinders with integrated lattice structure using filament winding[C]. Seville：Proceeding of the 16th European Conference on Composite Materials，2014：22-26.

［17］沃丁柱，李顺林，王兴业. 复合材料大全[M]. 北京：化学工业出版社，2000：1.

［18］胡记强，王兵，张涵其，等. 热塑性复合材料构件的制备及其在航空航天领域的应用[J]. 宇航总体技术，2020，4（4）：61-70.

［19］刘士琦，周红霞，王玉，等. 热塑性复合材料的应用研究[J]. 化学与粘合，2021，43（1）：72-75.

［20］董雨达，陈宏章. 高性能热塑性复合材料在航空航天工业中的应用[J]. 玻璃钢/复合材料，1993（1）：29-34.

［21］秦滢杰，韩建平，陈书华. 热塑性复合材料原位成型工艺及关键技术[J]. 宇航材料工艺，2019，49（1）：9-14.

［22］HOYT R，CUSHING J，SLOSTAD J. SpiderFa：process for on-orbit construction of kilometer-scale apertures［J/OL］. ［2019-03-25］. https://

www. nasa. gov/wp-content/uploads/2019/03/niac_2012_phasei_spiderfab_hoyt_tagged. pdf? emrc=83112a.

[23]圣冬冬,王海涛,应振华. 热塑性聚酰亚胺复合材料在航空航天中的应用[J]. 塑料,2013,42(4):46-48.

[24]王兴刚,于洋,李树茂,等. 先进热塑性树脂基复合材料在航天航空上的应用[J]. 纤维复合材料,2011,28(2):44-47.

[25]李元珍,袁立,纪双英. 碳纤维织物/PEEK 热塑性树脂基复合材料光学反射镜研究[J]. 材料工程,2006(6):17-19.

[26]蔡浩鹏,王钧,段华军. 热塑性复合材料制备工艺概述[J]. 玻璃钢/复合材料,2003(2):51-53.

[27]JONES R F. 短纤维增强塑料手册[M]. 詹茂盛,译. 北京:化学工业出版社,2002.

[28]TOMARI K,TAKASHIMA H,HAMADA H. Improvement of weldline strength of fiber reinforced polycarbonate injection molded articles using simultaneous composite injection molding[J]. Advances in Polymer Technology,1995,14(1):25-34.

[29]王子健,周晓东. 连续纤维增强热塑性复合材料成型工艺研究进展[J]. 复合材料科学与工程,2021(10):120-128.

[30]姜庆滨,王晓林,闫久春. 热塑性树脂基复合材料焊接研究[J]. 材料科学与工艺,2005(3):247-250.

[31]WANG Yaqion,RAO Zhenghua,LIAO Shengming,et al. Ultrasonic welding of fiber reinforced thermoplastic composites:current understanding and challenges[J]. Composites Part A:Applied Science and Manufacturing,2021,149:106578.

[32]GONÇALVES L F F F,DUARTE F M,MARTINS C I,et al. Laser welding of thermoplastics:an overview on lasers,materials,processes and quality[J]. Infrared Physics & Technology,2021(119):103931.

[33]LAUKE B,FRIEDRICH K. Evaluation of processing parameters of thermoplastic composites fabricated by filament winding[J]. Composites Manufacturing,1993,4(2):93-101.

[34]单毫,陈宇,李俊杰,等. 红外加热缠绕成型工艺参数对 CF/PEEK 复合材料层间剪切性能的影响[J]. 复合材料科学与工程,2020(1):39-46.

[35]赫晓东,王荣国,矫维成,等. 先进复合材料压力容器[M]. 北京:科学出版社,2015.

[36]毕向军,田小永,张帅,等. 连续纤维增强热塑性复合材料 3D 打印的研究进展

[J]. 工程塑料应用，2019，47(2)：138-142.

[37]MACK J，SCHLEDJEWSKI R．7-Filament winding process in thermoplastics[M]. Cambridge：Woodhead Publishing，2012：182-208.

[38]张昕，李辅安，王晓洁．热塑性树脂基体纤维缠绕工艺[J]. 纤维复合材料，2003(1)：27-29.

[39]孙宝磊，陈平，李伟，等．先进热塑性树脂基复合材料预浸料的制备及纤维缠绕成型技术[J]. 纤维复合材料，2009，26(1)：43-48.

[40]BOON Y D，JOSHI S C，BHUDOLIA S K．Review：filament winding and automated fiber placement with in situ consolidation for fiber reinforced thermoplastic polymer composites[J]. Polymers，2021，13(12)：1951.

[41]张宝艳，BYUN J，KIM B，等．混纤纱制备热塑性复合材料研究评述[J]. 航空材料学报，2000(3)：178-186.

[42]WONG J C H，BLANCO J M，ERMANNI P．Filament winding of aramid/PA6 commingled yarns with in situ consolidation[J]. Journal of Thermoplastic Composite Materials，2017，31(4)：465-482.

[43]GROUVE W J B，WARNET L L，RIETMAN B，et al．Optimization of the tape placement process parameters for carbon-PPS composites[J]. Composites Part A：Applied Science and Manufacturing，2013(50)：44-53.

[44]AGARWAL V，MCCULLOUGH R L，SCHULTZ J M．The thermoplastic laser-assisted consolidation process-mechanical and microstructure characterization[J]. Journal of Thermoplastic Composite Materials，1996，9(4)：365-380.

[45]FUNCK R，NEITZEL M．Improved thermoplastic tape winding using laser or direct-flame heating[J]. Composites Manufacturing，1995，6(3/4)：189-192.

[46]YASSIN K，HOJJATI M．Processing of thermoplastic matrix composites through automated fiber placement and tape laying methods：a review[J]. Journal of Thermoplastic Composite Materials，2018，31(12)：1676-1725.

[47]GRIEVES M，VICKERS J．Digital twin：mitigating unpredictable, undesirable emergent behavior in complex systems[J]. Transdisciplinary Perspectives on Complex Systems，2017：85-113.

[48]陶飞，刘蔚然，张萌，等．数字孪生五维模型及十大领域应用[J]. 计算机集成制造系统，2019，25(1)：1-18.

[49]陶飞，张辰源，刘蔚然，等．数字工程及十个领域应用展望[J]. 机械工程学报，2023，59(13)：193-215.

[50]TAO Fei，QI Qinglin，NEE A Y C．Digital twin driven service[M]. London：

Academic Press，2022.

[51]许政顺.西门子机床数字化双胞胎方案的技术思路及特点[J].金属加工(冷加工)，2021(2)：26-28.

[52] SHAFTO M，CONROY M，DOYLE R，et al. Modeling，simulation，information technology & processing roadmap[C]. Washington. DC：National Aeronautics and Space Administration，2010：5-7.

[53] TUEGEL E J. The airframe digital twin：some challenges to realization[C]. 53rd AIAA/ASME/ASCE/AHS/ASC Structures，Structural Dynamics and Materials Conference. Reston：AIAA，2012：1812.

[54]本刊编辑部.美欧军工领域发力数字孪生技术应用[J].国防科技工业，2019(2)：36-37.

[55]刘亚威. 数字线索助力美国空军航空装备生命周期决策[J]. 国际航空，2017(9)：48-52.

[56]孟松鹤，叶雨玫，杨强，等. 数字孪生及其在航空航天中的应用[J]. 航空学报，2020，41(9)：6-17.

[57] WANG Yucheng，TAO Fei，ZUO Ying，et al. Digital-twin-enhanced quality prediction for the composite materials[J]. Engineering，2023(22)：23-33.

[58]何守俭，郑志成，程乃春. 缠绕玻璃钢技术与应用[M]. 哈尔滨：黑龙江科学技术出版社，1996：136.

[59]冷兴武. 非测地线稳定缠绕的基本原理[J]. 宇航学报，1982(3)：90-99.

[60]黄毓圣，谢军龙. 回转表面上非测地线缠绕的计算方法[J]. 宇航学报，1985(3)：63-69.

[61]邹蒙，黄毓圣. 回转表面上非测地线缠绕方程及其解[J]. 宇航学报，1987(2)：53-61.

[62]LI Xianli，LIN Daohi. Non-geodesic winding equations on a general surface of revolution[C]. London：Sixth International Conference on Composite Materials and Second European Conference on Composite Materials，1987，1：152-160.

[63]VITA G D，GRIMALDI M，MARCHETTI M，et al. Filament winding manufacturing technique[C]. Studies on the determination of the friction coefficient and on the optimization of the feed-eye motion. National SAMPE Technical Conference，v 22，Advanced Materials：Looking Ahead to the 21st Century，1990：972-979.

[64]苏红涛. 纤维缠绕构件CAD/CAM关键技术的研究[D]. 哈尔滨：哈尔滨工业大学，1997.

[65]富宏亚，黄开榜，朱方群，等. 非测地线稳定缠绕的边界条件及稳定方程[J]. 哈

尔滨工业大学学报，1996(2)：125-129.

[66]万卉，吴耀楚，田会方. 组合回转体过渡段缠绕的数学模型研究[J]. 武汉工业大学学报，1999(1)：40-43.

[67]付云忠，富宏亚，路华，等. 基于非测地线理论的六坐标纤维缠绕机运动方程[J]. 中国机械工程，2001，12(6)：21-23.

[68] HARTUNG R F. Planar-wound filamentary pressure vessels[J]. AIAA Journal，1963,1(12)：2842-2844.

[69] STANG D A. The use of planar ribbon winding for control of polar build-up in filament-wound tank[C]//Proceedings of 14th SAMPE conference, Cocoa Beach, Florida. 1968，14.

[70] KNOELL A C. Structural design and stress analysis program for advanced composite filament-wound axisymmetric pressure vessels (COMTANK)[J]. Computer-Aided Design,1973,5(4):267.

[71]WANG R G,JIAO W C,LIU W B,et al. A new method for predicting dome thickness of composite pressure vessels[J]. Journal of Reinforced Plastics and Composites,2010,29(22):3345-3352.

[72]GUO K F,CHEN S,WEN L H,et al. Prediction of dome thickness composite pressure vessels from frlament winding considering the effect of winding pattern[J]. Composites Structures,2013,306:116580.

[73]冷兴武. 纤维缠绕原理[M]. 济南:山东科学技术出版社,1990.

[74]哈玻. 纤维缠绕技术[M]. 北京:科学出版社,2002.

[75]许家忠. 纤维缠绕复合材料成型原理及工艺[M]. 北京:科学出版社,2013.

名 词 索 引

附录　部分彩图

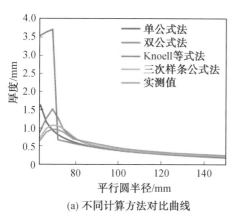

(a) 不同计算方法对比曲线

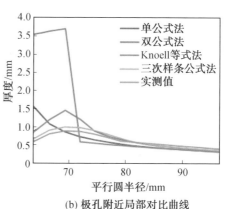

(b) 极孔附近局部对比曲线

图 2.24

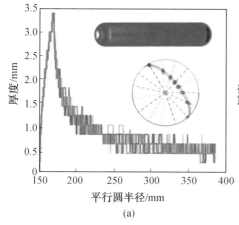

(a)

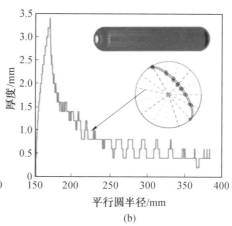

(b)

图 2.28

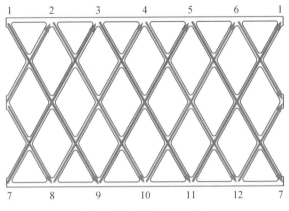

(a) 挑纱转向角60°的缠绕线型

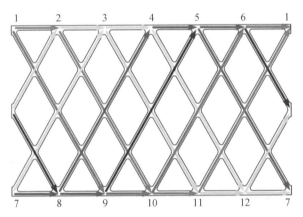

(b) 挑纱转向角120°的缠绕线型

图 4.16

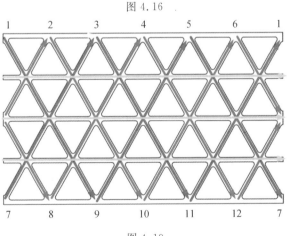

图 4.19

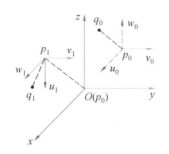

图 5.1

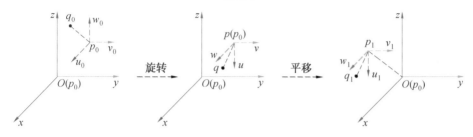

图 5.2

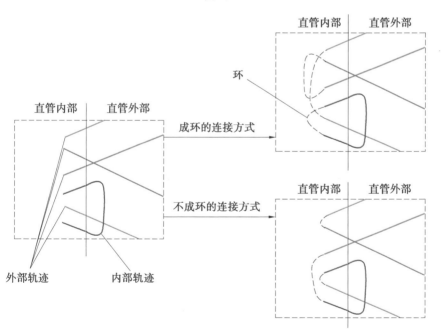

图 5.37

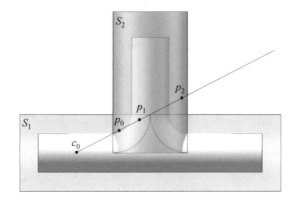

图 5.48

图 5.51